精兵之器

全球单兵武器精选100

军情视点 编

化学工业出版社

·北京·

内容提要

本书精心选取了世界各国研制的100种单兵武器，每种武器均以简洁精练的文字介绍了研制历史、武器构造及作战性能等方面的知识。为了增强阅读趣味性，并加深读者对单兵武器的认识，书中不仅配有大量清晰而美观的鉴赏图片，还增加了详细的数据表格，使读者对单兵武器有更全面且细致的了解。

本书不仅是广大青少年朋友学习军事知识的不二选择，也是军事爱好者收藏的绝佳对象。

图书在版编目（CIP）数据

精兵之器：全球单兵武器精选 100 / 军情视点编 . —北京：化学工业出版社，2020.9

（全球武器精选系列）

ISBN 978-7-122-37190-4

Ⅰ . ①精… Ⅱ . ①军… Ⅲ . ①单兵 – 武器装备 – 介绍 – 世界 Ⅳ . ① E92

中国版本图书馆 CIP 数据核字（2020）第 099733 号

责任编辑：徐　娟　　装帧设计：中图智业

责任校对：王鹏飞　　封面设计：刘丽华

出版发行：化学工业出版社（北京市东城区青年湖南街 13 号　邮政编码 100011）

印　　装：中煤（北京）印务有限公司

710mm × 1000mm　1/16　印张 14　字数 300 千字　2020 年 8 月北京第 1 版第 1 次印刷

购书咨询：010-64518888　　售后服务：010-64518899

网　　址：http://www.cip.com.cn

凡购买本书，如有缺损质量问题，本社销售中心负责调换。

定价：78.00 元

单兵作战能力除了取决于训练水平、战术技能、身体素质、精神素质等方面外，单兵武器也是十分关键的一环。两次世界大战给人类留下了悲惨的回忆，但是却给单兵武器的发展创造了机会。在20世纪，各国设计者潜心研发各种武器以提高士兵的作战能力，在此期间，枪械作为远距离作战武器在战争中的运用最为广泛，因此成为单兵的主战武器。

随着军事技术的不断发展，为了满足士兵在战场上的更多需求，单兵武器的种类也越来越多，陆续出现了火箭筒、手榴弹、迫击炮等威力巨大、杀伤力强、能够反坦克装甲的爆破武器。人与武器结合得越来越紧密，并开始逐渐呈现高度一体化的流行趋势。

本书精心选取了世界各国研制的100种单兵武器，每种武器均以简洁精练的文字介绍了研制历史、武器构造及作战性能等方面的知识。为了增强阅读趣味性，并加深读者对单兵武器的认识，书中不仅配有大量清晰而美观的鉴赏图片，还增加了详细的数据表格，使读者对单兵武器有更全面且细致的了解。

作为传播军事知识的科普读物，最重要的就是内容的准确性。本书的相关数据资料均来源于国外知名军事媒体和军工企业官方网站等权威途径，坚决杜绝抄袭拼凑和粗制滥造。在确保准确性的同时，我们还着力增加趣味性和观赏性，尽量做到将复杂的理论知识用简明的语言加以说明，并添加了大量精美的图片。因此，本书不仅是广大青少年朋友学习军事知识的不二选择，也是军事爱好者收藏的绝佳对象。

参加本书编写的有丁念阳、黎勇、黄成等。由于时间仓促，加之军事资料来源的局限性，书中难免存在疏漏之处，敬请广大读者批评指正。

编者

2020年5月

目录

第1章 • 单兵武器杂谈 /001

第2章 • 步枪 /007

第3章 • 机枪 /055

第4章 • 手枪和冲锋枪 /093

第 5 章 • 反人员武器 /153

第 6 章 ● 反装甲武器 /179

参考文献 /216

第1章

单兵武器杂谈

在战场上，整个军队取胜的关键在于士兵的战斗力。而要全面武装士兵并提高其战斗力，单兵武器就显得十分重要。不管是作为主战武器的枪械，还是反装甲武器的导弹、火箭筒等，它们都是士兵在战场上的杀敌利器。

•单兵武器的定义

单兵武器是单个士兵就可以使用的武器，这里的使用包含运载、瞄准、开火三个方面。单兵武器必须在重量、体积、后坐力方面能够由一名或多名士兵承受。在冷兵器时代，单兵武器包括刀、枪、剑、戟、矛、盾、盔、甲等。热兵器时代的单兵武器则包括各种枪械、反装甲及反人员武器，以及部分仍在使用的冷兵器。随着军事技术的不断发展，单兵武器在战场上的重要性也不断提升，因此当今世界许多国家都十分重视单兵武器的研制和装备。

常用单兵武器（步枪、手枪、刀具）

•单兵武器的种类

自古以来，各国军队都希望能使用最先进、最强大的武器。目前，就单兵武器而言，便捷且具有一定火力的武器可以使每个士兵都具有强大的攻击能力。因此在现代战场上，常见的单兵武器主要包括枪械和爆破武器。

枪械

枪械是指利用火药燃气能量发射子弹，口径低于 20 毫米的身管射击武器。枪械以发射枪弹、打击无防护或弱防护的有生目标为主，是步兵的主要武器，也是其他兵种的辅助武器，在民间更被广泛用于治安警卫、狩猎、体育比赛。

枪械按照作战用途又分为手枪、步枪、冲锋枪、机枪等。

手枪是单人使用的自卫武器，通常为单兵随身携带，主要用于 50 米近程内自卫以及突然袭

M9 手枪

★ HK45 手枪

击敌人。19 世纪末和 20 世纪初，各式各样的手枪开始出现，由于短小轻便，携带安全，能突然开火，一直被世界各国军队和警察，主要是指挥员、特种兵以及执法人员等大量使用。在相当长的历史时期，手枪曾在人类战争中发挥过举足轻重的作用，同时也是单兵不可缺少的武器之一。

两次世界大战期间，各国意识到枪械在战场中有着非常重要的作用，便开始研发各种不同种类的枪械，其中包括左轮手枪、冲锋枪、自动步枪、狙击步枪及机枪。第二次世界大战（以下简称二战）后，苏联研发了著名的 AK-47 突击步枪，它是苏联第一代突击步枪。该枪身材短小，射速高，火力猛烈，有效射程接近普通步枪，威力大，适合近距离作战，性能可靠，适应性强，易上手，维护简易，享誉全球，受到许多武器爱好者以及军队的喜爱，销量也领先，在世界上有着“世界枪王”的称号，而且对世界各国枪械的研制也产生了重大影响。

★ AK-47 突击步枪

越南战争时期，冲锋枪和自动步枪已成为主战武器。20 世纪 60 年代装备美军的主要是 7.62×51 毫米 M14 自动步枪。但战争中显示大口径子弹不适合用作突击步枪用途，其后开发出著名的小口径 M16 突击步枪。苏联也推出小口径化的 AK-74 突击步枪。此时世界各国也以北约及华约口径作制式弹药，并据此来设计各种枪械。

到了近代，各国依旧在枪械的设计上不断改进，包括改良枪机运作方式、研制新型弹药、加装各种配件等，枪械的质量也得到了提高。在一些军事科技电影和科幻故事中，甚至出现了采用高技术和新的结构制成的枪械。由此可见，对于单兵来说，枪械作为主战武器，的确使作战能力有显著的提高。

★ 士兵使用 M14 自动步枪进行任务训练

爆破武器

爆破武器是指利用含有爆炸物的弹药进行攻击的武器，通常使用武器发射或投掷等方式接近目标。它不仅可以杀伤有生目标，还能破坏坦克和装甲车辆。

第一次世界大战（以下简称一战）中，由于堑壕战的兴起，手榴弹得到了广泛应用。当时较为典型的手榴弹是英国的 MK2“菠萝”手榴弹。该手榴弹为后来手榴弹的发展奠定了良好的基础。

★ MK 2“菠萝”手榴弹

同样作为爆破武器的火箭筒诞生于二战期间，是一种发射火箭弹的便携式反坦克武器，由发射筒和火筒弹两部分组成。火箭筒主要发射火箭破甲弹，还能发射火箭榴弹或其他火箭弹，用于在近距离上打击坦克、步兵战车、装甲人员运输车、装甲车辆、军事器材，以及摧毁工事。

最早出现的火箭筒是 1942 年美国装备的 60 毫米 M1 火箭筒，因其外观很像一种叫“巴祖卡”的喇叭状乐器，由此也称它为“巴祖卡”。爆破武器由于质量小、结构简单、价格低廉、使用方便，在历次战争的反坦克作战中发挥了重要作用。

★“巴祖卡”火箭筒

•单兵武器的发展趋势

如今，军事领域的大量发明，不仅仅着眼于完成任务，更侧重于如何神速完成任务，并让士兵们毫发无损地从战场中归来。在此战争背景下，未来单兵武器的发展趋势可大致总结为以下方面。

系统化

未来士兵身上的武器将形成一个系统，能与士兵融为一体，加入电子化设备为士兵导航、自动控制、自动适应士兵使用习惯等。

简单化

未来单兵武器的结构应尽量简单，能够减少故障，使用、维修也方便。

电子化

未来将运用电子化令单兵武器更加自动，避免人工操作的失误。

机械化

有的军队认为电子化的故障率高，而且遇到 EMP（电磁脉冲炸弹）后电子设备会完全毁坏，所以依然希望将武器尽量机械化，完全使用机械传动，不加入任何电子设备。

远程化

未来单兵武器应尽可能远程攻击敌方，以减少我方伤亡。

近距离

单兵武器是主要针对巷战等近距离作战研发的武器，因此需要具有灵巧、精确等特点。

★ 执行警戒任务的士兵

第 2 章
步枪

步枪是单兵肩射的长管枪械，主要用于发射枪弹，杀伤暴露的有生目标，有效射程一般为 400 ～ 1000 米。步枪也可用刺刀、枪托格斗，有的还可发射枪榴弹，具有点面杀伤和反装甲能力，是现代步兵的基本武器装备。

No. 1 美国 M16 突击步枪

基本参数	
口径	5.56 毫米
全长	986 毫米
空枪重量	3.1 千克
有效射程	400 米
弹容量	20/30 发

★ 黑色涂装的 M16 突击步枪

M16 突击步枪是在 AR-15 突击步枪的基础上发展而来的，现由柯尔特公司生产。该枪是同口径枪械中生产得最多的一个型号，也是世界上最优秀的步枪之一。

•研发历史

1957 年，美军在装备 M14 自动步枪后不久就正式提出设计新枪。阿玛莱特公司的尤金 · 斯通纳将 7.62 毫米口径 AR-10 步枪改进为 5.56 毫米口径 AR-15 步枪，从竞标中胜出。随后，AR-15 经过了一系列改进，并将生产权卖给了柯尔特公司。1964 年，美国空军正式装备该枪并将其命名为 M16。

★ 士兵正在使用 M16 突击步枪

M16 突击步枪主要分成三代。第一代是 M16 和 M16A1，于 20 世纪 60 年代装备，使用美军M193/M196子弹，能够以半自动或者全自动模式射击。第二代是M16A2，在20世纪80年代开始服役，使用比利时M855/M856子弹（北约5.56毫米）。第三代是M16A4，成为美伊战争中美国海军陆战队的标准装备，也越来越多地取代了之前的M16A2。在美国军队中，M16A4与M4卡宾枪的结合使用仍在逐步取代现有的M16A2。M16A4具有配备护木的四个皮卡汀尼滑轨，能够使用光学瞄准镜、夜视镜、激光瞄准器、握柄以及手电筒。

除了早期有一些毛病之外，M16突击步枪逐渐成为成熟、可靠的武器系统。它主要是由柯尔特公司以及FN公司制造，而世界上很多国家都生产过其改型版。该武器的最初版本仍然有库存，主要供留用，以及给国民警卫队和美国空军使用。

•武器构造

M16突击步枪采用导气管式工作原理，但与一般导气式步枪不同，它没有活塞组件和气体调节器，而采用导气管。枪管、枪栓和机框为钢制，机匣为铝合金，护木、握把以及后托则是塑料。枪管中的高压气体从导气孔通过导气管直接推动机框，并非进入独立活塞室驱动活塞。高压气体直接进入枪栓后方机框里的一个气室，再受到枪机上的密封圈阻止，因此急剧膨胀的气体便推动机框向后运动。

★ M16A1、M16A2、M4A1卡宾枪（提供比较）和M16A4（从上至下）

•作战性能

M16A2和之后的改进型号均采用了加厚的枪管，对于因操作不当引起的损害更加耐用，并且减缓了连续射击时的过热问题，适合持续射击。枪机正后方的塑料枪托中设有金属复进簧，能够有效缓冲后坐力，使准星不会发生明显的偏移，减轻使用者的疲乏程度。M16A4设有皮卡汀尼导轨，可安装传统的携带提把、瞄准系统或者各种光学设备，以适应各种作战需求。

★ M16突击步枪及组件

No. 2 美国 AR-15 突击步枪

基本参数	
口径	5.56 毫米
全长	991 毫米
空枪重量	2.97 千克
有效射程	550 米
弹容量	10/20/30 发

★ 装有瞄准镜的 AR-15 突击步枪

AR-15 突击步枪由美国著名枪械设计师尤金 · 斯通纳研发，是一种以弹匣供弹、具备半自动或全自动射击模式的突击步枪。

•研发历史

在 AR-15 突击步枪之前，尤金 · 斯通纳设计了 7.62 毫米口径的 AR-10 突击步枪，并参与美军新式步枪的选型，最后却以失败告终。之后，斯通纳又在该枪的基础上研制成功了发射 5.56×45 毫米弹药的

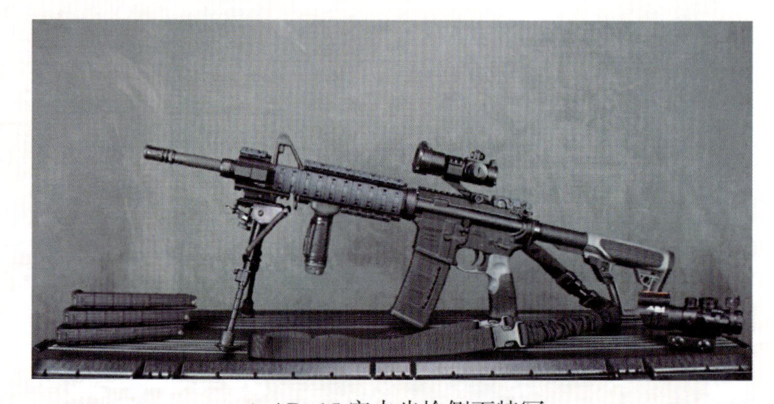

★ AR-15 突击步枪侧面特写

AR-15突击步枪。该枪是第一种使用5.56毫米口径的步枪，被誉为开创小口径化先河的步枪。

在购得AR-10和AR-15突击步枪的生产权后，柯尔特公司向美国军队大力举荐AR-15，并成为美国空军、海军及海军陆战队的制式步枪，编号M16。在美国取得成功后，M16突击步枪被销售到意大利、以色列、日本、巴拿马、菲律宾、巴基斯坦、墨西哥、土耳其、英国、瑞典、韩国、南非等全球数十个国家。此外，柯尔特公司还向民众和执法机关提供该枪的半自动型号（AR-15、AR-15A2）。

●武器构造

半自动型号的AR-15和全自动型号的AR-15在外观上几乎一模一样，只是全自动改型具有一个选择射击的旋转开关，能够让使用人员在三种设计模式中选择：安全、半自动以及依型号而定的全自动或三发连发，而半自动型号只有安全和半自动两种模式可供选择。此外，表尺可以调整风力修正量和射程，一系列的光学器件还能用来配合或者取代机械瞄具。

★ AR-15突击步枪及组件

●作战性能

AR-15突击步枪具有口径小、精度高、初速高等特点，模块化的设计使得多种配件的使用成为可能，并且带来容易维护的优点。现在，除军用版M16突击步枪外，民用版AR-15和其改进型受到许多射击运动爱好者以及警察们的喜爱。

★ AR-15突击步枪及子弹

No. 3 美国巴雷特 M82 狙击步枪

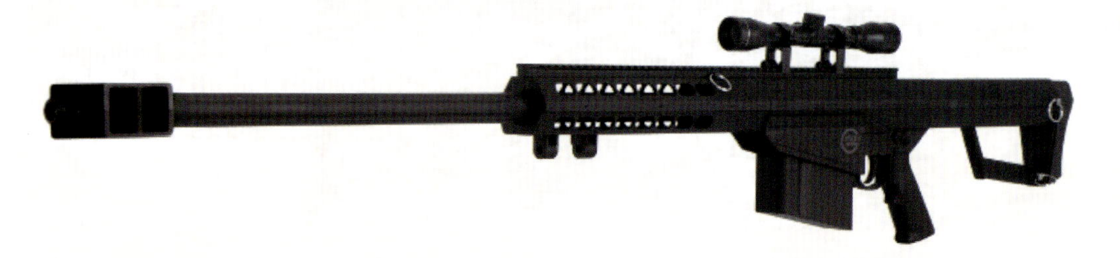

基本参数	
口径	12.7 毫米
全长	1219 毫米
空枪重量	14 千克
有效射程	1850 米
弹容量	10 发

★ 两脚架上的 M82 狙击步枪

M82 狙击步枪是 20 世纪 80 年代早期由美国巴雷特公司研制的重型特殊用途狙击步枪，是美军唯一的“特殊用途狙击步枪”，能够用于反器材攻击以及引爆弹药库。

•研发历史

M82 狙击步枪是由朗尼·巴雷特（Ronnie Barrett）设计，以使用 12.7×99 毫米北约制式 [0.50 英寸（1 英寸 =25.4 毫米，下同）BMG] 口径弹药来发展的一套半自动狙击步枪。该口径弹药原本是勃朗宁 M2 重机枪所用。该枪于 20 世纪 80 年代早期开始研发，之后在 1982 年造出第一把样枪，并命名为 M82。1986 年发展出 M82A1 狙击步枪，1987 年，更先进的 M82A2 无托式步枪研发成功。

★ 士兵正在使用 M82 狙击步枪

•武器构造

M82 狙击步枪是枪管后坐式半自动枪械。击发时，枪管将会短距缩回后由回转式枪机安全锁住。短暂后退后，枪栓被推入弯曲轨再扭转把枪管解锁。当栓机解锁，枪机拉臂瞬间退回，枪管转移后坐力的动作完成循环。之后，枪管固定且栓机弹回，弹出弹壳。当撞针归位，枪机从弹匣引出一颗子弹并送进膛室对准枪管。

★ M82 狙击步枪及组件

•作战性能

M82 狙击步枪具有超过 1500 米的有效射程，甚至有过 2500 米的命中纪录，超高动能搭配高能弹药。不仅如此，它还能有效摧毁雷达站、卡车、战斗机（停放状态）等战略物资，所以该枪也称为“反器材步枪”。

此外，由于 M82 狙击步枪能打穿许多墙壁，因此也被用来攻击躲在掩体后的人员，但这并不是主要用途。除了军队以外，美国很多执法机关也钟爱此枪，包括纽约警察局，其主要原因是它能迅速拦截车辆，一发子弹就可以打坏汽车引擎，而且还能很快打穿砖墙和水泥，适合城市战斗。值得一提的是，美国海岸警卫队还曾使用 M82 进行反毒作战，有效打击了海岸附近的高速运毒小艇。

M82 狙击步枪正在作战

No. 4 美国雷明顿 M24 狙击步枪

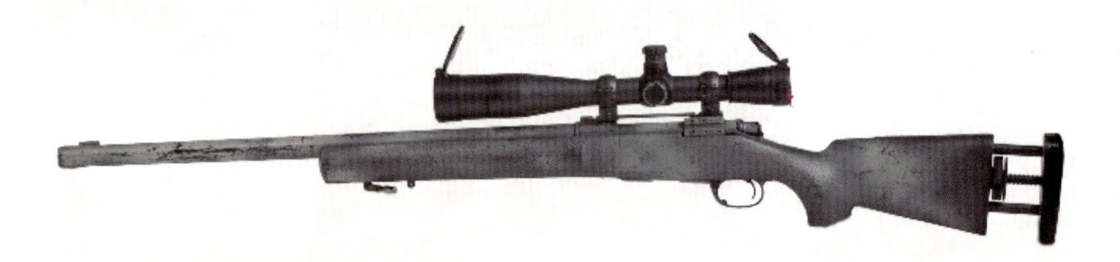

基本参数	
口径	7.62 毫米
全长	1092.2 毫米
空枪重量	5.5 千克
有效射程	800 米
弹容量	5 发

★ M24 狙击步枪侧面特写

M24 狙击步枪是雷明顿 700 步枪的衍生型之一，于 1988 年正式成为美国陆军的制式狙击步枪，主要提供给军队及警察用户。

•研发历史

1988 年，美军将 M24 狙击步枪选为新的制式武器。该枪是从雷明顿 700 步枪演变而来的，由于其性能十分优秀，因此逐渐取代了其他狙击步枪，成为美军的主要狙击武器。目前，美国陆军正以 M110 狙击步枪逐步取代 M24，但在 2010 年前它依旧是制式狙击步枪之一，其他剩余的 M24 将更换枪机和枪管来提供更远射程。

★ 两脚架上的 M24 狙击步枪

•武器构造

M24 狙击步枪特别采用碳纤维与玻璃纤维等材料合成的枪身枪托，可在 -45~+65 摄氏度气温变化中正常使用。该枪由弹仓供弹，装弹 5 发，发射美国 M118 式 7.62 毫米特种弹头比赛弹。M24 之所以被称为“武器系统”，因为它不只是一把步枪，还包括 M3 望远式瞄准镜、哈里斯 S 型可拆卸两脚架等其他配件，由此还有“美国现役狙击之魂”的美称。

★ 装有瞄准镜的 M24 狙击步枪

•作战性能

M24 狙击步枪的射击精度极高，射程可达 1000 米，只是每打出一颗子弹就要拉动枪栓一次。除此之外，该枪对气象物候条件的要求也相当严格，潮湿的空气可能改变子弹方向，而干热的空气又会造成子弹打高。为了确保射击精度，M24 狙击步枪设有瞄准具、夜视镜、聚光镜、激光测距仪以及气压计等配件，远程狙击命中率较高。

士兵正在使用 M24 狙击步枪

No. 5 美国 M14 自动步枪

基本参数	
口径	7.62 毫米
全长	1126 毫米
空枪重量	4.1 千克
有效射程	460 米
弹容量	20 发

★ 两脚架上的 M14 自动步枪

M14 自动步枪由春田兵工厂设计及生产，是美国在越南战争早期使用的战斗步枪，在越南战争时被 M16 突击步枪取代，但其后的改良衍生型重新在战场上服役。

●研发历史

1945 年，美国开始实施新的步枪研究计划，著名枪械设计师约翰 · 加兰德在 M1 加兰德步枪的基础上开始设计自动步枪，1954 年设计出原型枪并经过试验和改进，1957 年美国军方定型命名为 M14 自动步枪，1959 年在春田兵工厂投产。M14 自动步枪即成为美国军队制式装备，并取代 M1 加兰德步枪以及 M1 卡宾枪。

美国军方当时强调军用步枪射程远的设计思想，因此并不接受小口径步枪弹。北约进行弹药通用化选型时，美国坚决反对任何降低威力、短射程的弹药，并施加影响。1953 年，北约选择 7.62×51 毫米枪弹作为标准步枪弹。M14 自动步枪并以其为弹

装有瞄准镜的 M14 自动步枪

药。7.62×51毫米北约标准步枪弹［弹壳比原有点30-06步枪（0.30英寸口径,1906年推出）弹缩短了12毫米］，实现了弹药以及步枪标准化，也简化了后勤供应。

1963年，美国军方终止采购M14自动步枪，1967年选择了小口径的M16突击步枪，M14开始全面撤装。

•武器构造

M14自动步枪的部分零件沿用自M1加兰德步枪，采用气动式原理，枪机回转闭锁方式。该枪的导气管位于枪管下方，可选择半自动或全自动射击模式。不仅如此，M14由可拆卸的20发弹匣供弹，还可发射枪榴弹。

★ M14自动步枪后侧方特写

•作战性能

M14自动步枪具有精度高、射程远等优点，而且服役后更是在丛林作战中被大量使用。美军后来把M14改装成半自动狙击步枪，在战斗中表现良好。2003年美国发动伊拉克战争以来，为了对付反美武装的狙击手，驻伊美军有针对性地加强了反狙击作战，因此M14在这里成了最主要的战争武器。除此之外，尽管M14作为军用步枪不算特别成功，但由于市场备有配件可供选择、便宜的价格及良好精度，在民用市场有很好的销路，多家工厂继续生产民用型M14。

士兵正在使用M14自动步枪

No. 6 美国 M21 狙击步枪

基本参数	
口径	7.62 毫米
全长	1118 毫米
空枪重量	5.27 千克
有效射程	460 米
弹容量	5/10/20 发

★ 两脚架上的 M21 狙击步枪

M21 狙击步枪是在 M14 自动步枪的基础上改进研制而成的。该枪是一支半自动狙击步枪，美国陆军于 1969 年开始装备。

•研发历史

虽然火力强大的 M16 突击步枪让美军在 200 ~ 300 米射程上的火力大为增强，但在较远距离上却不能精确射击。所以，美国陆军认为必须装备一种精确的狙击步枪。1966 年，美国陆军武器司令部、战斗研究司令部以及有限战争委员会与美国陆军射击训练队共同研

M21 狙击步枪上方视角

究新型的狙击步枪。在经过长时间的测验之后，装备瞄准镜的 M14 半自动步枪成为他们的最佳选择，并命名为 XM21。1969 年，岩岛兵工厂将 1000 多支 M14 步枪改装成 XM21 狙击步枪，并提供给在越南战场的美军士兵使用。1975 年，XM21 正式成为美军制式武器，并重新命名为 M21 狙击步枪。

手持 M21 狙击步枪的士兵

•武器构造

M21 狙击步枪虽然是在 M14 自动步枪的基础上改进而来，但两者之间却有着明显的差异。不同之处在于，M21 使用玻璃纤维黏合剂将机匣固定在枪托之上，在机匣和枪管结合后再用环氧树脂封固。除此之外，为了提高该枪的精度和可靠性，M21 的活塞以及活塞筒都用手工装配，而且都经过抛光处理，可有效避免火药残渣积存。

•作战性能

M14 本身就是一支非常优秀的自动步枪，所以 M21 狙击步枪推出后更是受到使用部队的青睐。此外，M21 的消焰器可外接消音器，不仅不会影响弹丸的初速，还可以把泄出气体的速度降低至音速以下，使射手位置不易暴露。

M21 狙击步枪正在被使用

No. 7 美国 M1 加兰德步枪

基本参数	
口径	7.62 毫米
全长	1100 毫米
空枪重量	4.31 千克
有效射程	457 米
弹容量	8 发

★ 枪械爱好者正在使用 M1 加兰德步枪

M1 加兰德步枪是世界上第一种大量服役的半自动步枪，在 1936 年取代了美军制式 M1903 春田步枪，同时也是二战中最著名的步枪之一。

•研发历史

1920 年，约翰 · 坎特厄斯 · 加兰德在春田兵工厂开始设计半自动步枪。1929 年，样枪送交阿伯丁试验场参加美国军方新式步枪选型试验，通过对比试验，1932 年，加兰德设计的自动装填步枪被选中。其间，美国军械委员会指令更改样枪的口径为 7 毫米，中选后因会导致后勤混乱的理由遭到军方否决，又被要求改用 7.62 毫米口径。经过进一步改进，1936 年正式定型命名为 M1 加兰德（M1 Garand），并在 1937 年投产，成为美国军队制式步枪，用以取代美国陆军的 M1903 春田步枪（手动后拉式枪机）。M1 加

★ M1 加兰德步枪前侧方特写

兰德步枪是枪械历史上第一种大量生产进入现役的半自动（自动装填）步枪。

M1 加兰德步枪也是二战中美国军队的主要步兵武器。越南战争初期，美军及南越部队依旧有小量装备的 M1。一直到 1959 年，M14 自动步枪列装后，M1 才逐渐退役。

●武器构造

M1 加兰德步枪木制枪托护木延伸至枪管中心，有一木制护手掩盖在枪管上，此护手向前延伸在前端，留下约有三分之一长度的枪管露出。该枪枪机较短，而照门就在其上方。闭锁式枪机的两片前向推杆位于该枪后膛之后，扭转后可与枪机凹槽相容。此外，枪机可直接自此凹槽拆开，使枪支便于分解和清洁。

★ M1 加兰德步枪分解图

●作战性能

与同时代的手动后拉枪机式步枪相比，M1 加兰德步枪的射击速度有了很大的提升，而且还有着不错的射击精度，在战场上能够起到很好的压制作用。此外，该枪可靠性和耐用性都十分不错，易于分解和清洁，在丛林、岛屿和沙漠等战场上都有非常出色的表现，因此被公认为二战中最好的步枪之一。

★ M1 加兰德步枪及子弹

No. 8 德国 PSG-1 狙击步枪

基本参数	
口径	7.62 毫米
全长	1200 毫米
空枪重量	8.1 千克
有效射程	1000 米
弹容量	5/20 发

★ 三脚架上的 PSG-1 狙击步枪

PSG-1 是德国黑克勒 - 科赫（HK）公司研制的半自动狙击步枪，该枪也是世界上最精准的狙击步枪之一。

•研发历史

PSG-1 狙击步枪侧面特写

1972 年慕尼黑奥运会惨案中，缺乏专业狙击武器的联邦德国警察无法精确打击恐怖分子，造成人质大量伤亡。此后，HK 公司受命研发一种高精度、大容量弹匣、适合警用的半自动步枪，并最终在 G3 突击步枪的基础上开发出了 PSG-1 狙击步枪。该枪的主要使用者为德国警察部队和特种部队，其中还包括英国、美国、加拿大、马来西亚、日本、西班牙、挪威、印度尼西亚、波兰和委内瑞拉等国家的军警用户。

•武器构造

PSG-1狙击步枪没有机械瞄具，枪托由高密塑料制成，有黑色粗糙表面，并且能够调向任何角度以适合所有使用者的需求。不仅如此，该枪还可以调整长度，配有可旋尾盖以及可调节高低的托腮板，前端还装置了一个T形槽用来配合旋转挂带或三脚架。除此之外，PSG-1狙击步枪还有一个可以拆卸调整的扳机部件，能够让使用者快速适应此枪。

PSG-1狙击步枪及组件

•作战性能

PSG-1狙击步枪的精度较高，可以在300米的距离上连续将50发子弹打入一个直径为8厘米的圆圈中，由此受到大众青睐。美中不足的是，PSG-1的重量较大，不适合移动使用。此外，其子弹击发之后弹壳弹出的力量也较大，据说能够弹出10米之远。虽然对于警方的狙击手而言没有多大难度，但在一定程度上限制了该枪在军队的使用，因为这一缺点容易暴露狙击手的位置。

枪械爱好者正在使用PSG-1狙击步枪

No. 9 德国 StG44 突击步枪

基本参数	
口径	7.92 毫米
全长	940 毫米
空枪重量	4.6 千克
有效射程	300 米
弹容量	30 发

★ StG44 突击步枪侧面特写

StG44 突击步枪也叫 MP44，是现代步兵史上划时代的成就之一。它是首批使用了短药筒的中间型威力枪弹并大规模装备的突击步枪，也是世界上第一款大规模装备的突击步枪。

•研发历史

手持 StG44 突击步枪的士兵

试验证明，20 世纪初的标准步枪弹药对自动步枪来说威力过大，在连发射击时难以控制精度，并且这种步枪弹的重量也较大，不适合单兵携带。于是德国陆军在 30 年代后期开始研究一种威力稍小的短药筒弹药，以能更好地对应全自动步枪。1941 年，德国经过反复试验后成功研制出一种规格为 7.92×33 毫米的短药筒弹药，后来被称为中间型威力枪弹。之后，基于这种弹药的新型自动步枪也很快被研制出来，并命名为 StG44 突击步枪。

StG44 突击步枪由于列装较晚，在二战中的作用不大，二战结束以后，StG44 由于自身性能的局限，很快退出了历史舞台。但对于 StG44 本身而言，并没有随着德国的投降而消失，而是在一些国家军队中长期服役。苏联在 1945 年前缴获了大量 StG44，在冷战期间提供给它的友好国家。民主德国重新武装之初，装备的就是苏联红军缴获的德国 StG44 突击步枪。在联邦德国，当时的国防军军官甚至曾主张将 StG44 作为新的制式武器。在近代非洲很多的地区冲突中，依旧有人使用这款古董级的武器。

StG44 突击步枪的上方视角

武器构造

StG44 突击步枪采用气导式自动原理，枪机偏转式闭锁方式，枪弹击发后，少部分气体顺着枪管上的小孔，经过导气管导入机夹，用以推动枪机向后，完成抛壳、重新上膛、再击发。弧形弹匣能装入 30 发子弹，远比任何现役步枪多，可减少激战时士兵更换弹夹的次数。瞻孔刻意前置的设计，是为了让士兵于光线不足的环境中仍然可以大致上瞄准，虽然如此会牺牲掉部分远距打击的精确度，毕竟该枪最初设计时并非是作为精确射击之用，但是为了弥补这项缺憾，早期版本甚至还可加装光学瞄准镜。

作战性能

士兵使用 StG44 突击步枪进行射击

StG44 突击步枪具有冲锋枪的猛烈火力，连发射击时后坐力小且易于掌控，在 400 米距离内拥有良好的射击精度，威力也接近普通步枪弹。此外，该枪重量较轻，易于士兵携带。该枪成功地将步枪与冲锋枪的特性相结合，受到德国前线部队的高度赞美。不仅如此，在实战中，三四个手持 StG44 的德军士兵可以压制住一个班的手持 M1 加兰德步枪的美军士兵。

No. 10 德国 HK G3 自动步枪

基本参数	
口径	7.62 毫米
全长	1025 毫米
空枪重量	4.38 千克
有效射程	500 米
弹容量	5/10/20 发

士兵使用 HK G3 自动步枪进行射击训练

HK G3 自动步枪是在 StG45 步枪的基础上改进而来的，于 1997 年被 HK G36 突击步枪取代。它是世界上制造数量最多、使用最广泛的自动步枪之一。

•研发历史

二战末期，德国毛瑟公司设计了一款滚轮延迟反冲式的步枪，并在 1944 年获得了陆军统帅部 30 支样枪的订单。不过才刚生产完零件，二战便结束了，毛瑟公司的一些员工被拘留于荷兰，并被英国人命令制造出这些武器，于是 G3 步枪的前身——StG45 就这样诞生了。

HK G3 自动步枪侧面特写

然而就在此时，滚轮延迟反冲式闭锁枪机的发明者路德维希·福尔格里姆勒前往法国，1950 年时又到了西班牙的特种材料技术研究中心，加入了一个研发新型枪械的专家小组。一开始西班牙方面并不信任他，不过在他的才能显露出来之后，很快就改变态度，并批准了由他所负责的新枪研发专案。新枪很快地被制造出来，并取名为 CETME 步枪。CETME 是西班牙特种材料技术研究中心的缩写，发射 7.92 毫米毛瑟步枪子弹。

1952 年，CETME 步枪第一次试射时引起了美国军方的关注，并表示可以到美国免费试验。1954 年，CETME 改为发射 7.62 毫米口径子弹。这时联邦德国正好需要新枪来装备新组建的军队，于是在 1956 年向西班牙订下合约，修改并订购 500 支 CETME 步枪，不过条件是在联邦德国的 HK 公司生产，于是路德维希 · 福尔格里姆勒随着 CETME 步枪回到了联邦德国。

1957 年，联邦德国军方经过部队测试 CETME 步枪后决定装备该枪。1958 年，联邦德国政府正式将 CETME 的生产任务交给了 HK 公司。HK 公司将 CETME 根据测试部队的意见进行改进，改进后的步枪就是现在的 HK G3 步枪。

•武器构造

HK G3 自动步枪采用半自由枪机式工作原理，零部件大多是冲压件，机加工件较少。机匣为冲压件，两侧压有凹槽，起导引枪机和固定枪尾套的作用。枪管装于机匣之中，并位于机匣的管状节套的下方。管状节套点焊在机匣上，里面容纳装填杆和枪机的前伸部。装填拉柄在管状节套左侧的导槽中运动，待发时可由横槽固定。除此之外，该枪还采用机械瞄准具，并配有光学瞄准镜以及主动式红外瞄准具。

★ 手持 HK G3 自动步枪的士兵

•作战性能

HK G3 自动步枪的精度较高，这是它结构的优点，但美中不足的是射速较慢。经过半个世纪，该枪成为最普遍通用的自动步枪之一，其数量与 FN FAL 自动步枪相差无几。

枪械爱好者正在使用 HK G3 自动步枪

No. 11 德国 HK G36 突击步枪

基本参数	
口径	5.56 毫米
全长	755 毫米
空枪重量	3.63 千克
有效射程	800 米
弹容量	30/100 发

★ HK G36C 短突击步枪

HK G36 是德国 HK 公司于 1995 年推出的现代化突击步枪，发射 5.56×45 毫米北约制式子弹，用来取代 HK G3 步枪。

●研发历史

HK 公司在 1980 年向德军提交了 G11 及 G41 突击步枪，但前者因两德统一而中止，后者则被德军否决。1990 年，德国联邦国防军提出新的制式步枪计划，以取代 7.62×51 毫米的 HK G3。1993 年 9 月，由德国联邦国防技术署对多种突击步枪进行评选，许多枪型因为未

★ HK G36C 短突击步枪后侧方特写

达到标准而遭到淘汰，只剩下德国本土的 HK50 突击步枪、奥地利的 AUG 突击步枪和英国的 L85A1 突击步枪，其中 L85A1 因为故障率太高最先被淘汰，而 AUG 也因为它的两段式扳机系统（扣压扳机一半为半自动射击 / 扣压扳机到底为全自动射击）而落败，最终由 HK50 胜出。

经过这次评选之后，德国联邦国防军在 1995 年决定采用 HK50 突击步枪，要求 HK 公司对它进行改良，并将军用代号设为 Gewehr 36（36 号步枪），简称 G36 突击步枪。

•武器构造

HK G36 突击步枪除枪管以外，所有重要零部件，如机匣、护木、枪托、背带环和小握把均由黑色工程塑料制成。塑料表面不仅能够抗腐蚀，而且在极端的室外温度下便于射手握持武器，并大幅度地减轻了全枪的重量。此外，该枪还装配有精确的瞄准装置，大量的实际射击试验表明，用光学瞄具瞄准射击，命中精度将大大提高。

HK G36 突击步枪上方视角

•作战性能

由于 HK G36 突击步枪设计合理，全枪造型人机工效性好，因此在保持较轻重量的同时，还可以带给射击者舒适的感觉，不会有很大的后坐力，所以即便是新手也不会产生畏惧感。而新型光学瞄具的使用，使得射手几乎可以在任何光线条件下都能快速而准确地捕捉到目标。除此之外，该枪的扳机力和扳机特性符合军方提出的要求，因此受训不多的射手经过短暂训练后，就能够在远射程上有效地命中目标，连续发射状态下，一个长点射也能准确地命中目标。

手持 HK G36C 短突击步枪的士兵

No. 12 德国 Kar 98k 步枪

基本参数	
口径	7.92 毫米
全长	1110 毫米
空枪重量	3.7 千克
有效射程	500 米
弹容量	5 发

★ Kar 98k 步枪后侧方特写

Kar 98k 步枪是在 Gew 98 毛瑟步枪的基础上改进而来的半自动步枪，是二战时期德国军队装备的制式手动步枪，也是战争期间产量最多的轻武器之一。

●研发历史

20 世纪 30 年代，德国重整军备，经过改进的标准型毛瑟步枪被德国国防军作为制式步枪，

装有瞄准镜的 Kar 98k 步枪

命名为Karabiner 98k，简称Kar 98k或K98k，其中尾部的k是“Kurz”的缩写，德语意为“短”。相对于Gew 98步枪，Kar 98k步枪的长度缩短不少，但仍比一般卡宾枪要长。该枪在1935年正式投产，同年装备德军，1945年停产。

●武器构造

Kar 98k步枪继承了毛瑟98系列步枪经典的毛瑟式旋转后拉式枪机，枪机尾部是保险装置。内置式弹仓呈双排交错排列，使用5发弹夹装填子弹。子弹通过机匣上方压入弹仓，也可单发装填。拉机柄由直形的改为下弯式，便于携行和安装瞄准镜。

Kar 98k步枪及子弹

●作战性能

Kar 98k步枪的用途较多，可加装4倍、6倍光学瞄准镜作为狙击步枪投入使用。该枪共生产了近13万支并装备部队，还有相当多精度较好的Kar 98k被挑选出来改装成狙击步枪。此外，Kar 98k还能够加装枪榴弹发射器以发射枪榴弹。这些特性使Kar 98k成为德军在二战期间使用最广泛的步枪。

装有刺刀的Kar 98k步枪

No. 13 法国 FAMAS 突击步枪

基本参数	
口径	5.56 毫米
全长	757 毫米
空枪重量	3.8 千克
有效射程	300 米
弹容量	25 发

★ FAMAS 突击步枪上方视角

FAMAS 是法国军队及警队的制式突击步枪，也是世界上著名的无托式步枪之一。

•研发历史

FAMAS 突击步枪由法国轻武器专家保罗·泰尔于 1967 年开始研制。法国研制该枪的指导思想是既能取代 MAT49 式 9 毫米冲锋枪和 MAS 49/56 式 7.5 毫米步枪，又能取代一部分轻机枪。该枪在 1967 年开始设计，1971 年推出原型，1978 年成为法军制

★ 搭在两脚架上的 FAMAS 突击步枪

式突击步枪。除法国军队外，加蓬、吉布提、黎巴嫩、塞内加尔、阿联酋等国的军队也有装备FAMAS。

•武器构造

FAMAS突击步枪采用无托式设计，弹匣置于扳机的后方，机匣以塑料覆盖，使用杠杆延迟反冲式系统。射控选择钮在弹匣后方，有全自动、单发和安全三种模式。所有FAMAS都备有装在护木两边的两脚架，能有效地提高射击精度。除此之外，该枪握把底部还有一活门，存放着装润滑液的塑料瓶。

★ FAMAS突击步枪后侧方特写

•作战性能

FAMAS突击步枪在1991年参与了“沙漠风暴”行动及其他维持和平行动。法国军队认为FAMAS在战场上非常可靠。然而美中不足的是，FAMAS的弹容量较少，火力持续性不是太长；而且瞄准基线较高，如果加装瞄准镜会更高，因此不利于隐蔽。

士兵正在使用FAMAS突击步枪

No. 14 法国 FR-F2 狙击步枪

基本参数	
口径	7.62 毫米
全长	1200 毫米
空枪重量	5.3 千克
有效射程	800 米
弹容量	10 发

★ FR-F2 狙击步枪侧面特写

FR-F2狙击步枪是FR-F1狙击步枪的改进型，从20世纪80年代中期开始逐步取代FR-F1装备法国军队，目前依旧是法国军队的主要武器之一。

•研发历史

FR-F2狙击步枪是法国地面武器工业公司在7.62毫米FR-F1狙击步枪的基础上改进而成的，1984年底完成设计定型，从20世纪80年代中期开始装备法国军队直到现在，装备级别和战术使命与FR-F1式狙击步枪完全相同。

士兵手中的 FR-F2 狙击步枪

由于FR-F2狙击步枪的射击精度很

高，从 20 世纪 90 年代开始成为法国反恐怖部队（如法国宪兵特勤队）的主要装备之一，用于在较远距离上打击重要目标，如恐怖分子中的主要人物、劫持人质的要犯等。

★ FR-F2 狙击步枪前侧方特写

•武器构造

FR-F2 狙击步枪的基本结构与 FR-F1 狙击步枪相同，如枪机、机匣、发射机构。不同之处是改善了武器的人机工效，如在前托表面覆盖无光泽的黑色塑料，两脚架的架杆由两节伸缩式架杆改为三节伸缩式架杆，以确保枪在射击时的稳定，有利于提高命中精度。

•作战性能

FR-F2 狙击步枪装备有防热设置，就算长时间被太阳晒也不会受到影响。该枪具有精度高、威力大、声音小，以及适合中远距离隐藏偷袭等特点。不仅如此，FR-F2 射击稳定性好，攻击力强，子弹初速度为 820 米 / 秒，有效射程达到 800 米，因此 FR-F2 至今仍是法国军队的制式武器。

士兵正在用 FR-F2 狙击步枪进行射击训练

No. 15 苏联 / 俄罗斯 AK-47 突击步枪

基本参数	
口径	7.62 毫米
全长	870 毫米
空枪重量	4.3 千克
有效射程	300 米
弹容量	30 发

★ 机械爱好者正在使用 AK-47 突击步枪

AK-47 突击步枪由苏联著名枪械设计师米哈伊尔 · 季莫费耶维奇 · 卡拉什尼科夫设计，在 20 世纪 50 ~ 80 年代一直是苏联军队的制式装备。该枪还是世界上最著名的步枪之一，制造数量和使用范围极为惊人。

●研发历史

卡拉什尼科夫于 1944 年开始构思一种新式步枪，并参考 M1 加兰德步枪设计出 M1944 样枪，采用 M43 步枪弹、回转式枪机，经过一连串的尝试后，于 1946 年制作出可连发射击的样枪（AK-46），成为此后 AK 系列枪械的原型。经过一系列试验，包括在风沙泥水等恶劣环境中严格测试，改进了导气装置与活塞系统，于 1947 年定名为 AK-47。

AK-47 突击步枪在 1947 年定为苏联军队制式装备，1949 年最终定型并投入批量生产。世界上至少有 82 个国家装备过 AK-47 系列，并有许多国家进行了仿制或特许生产。

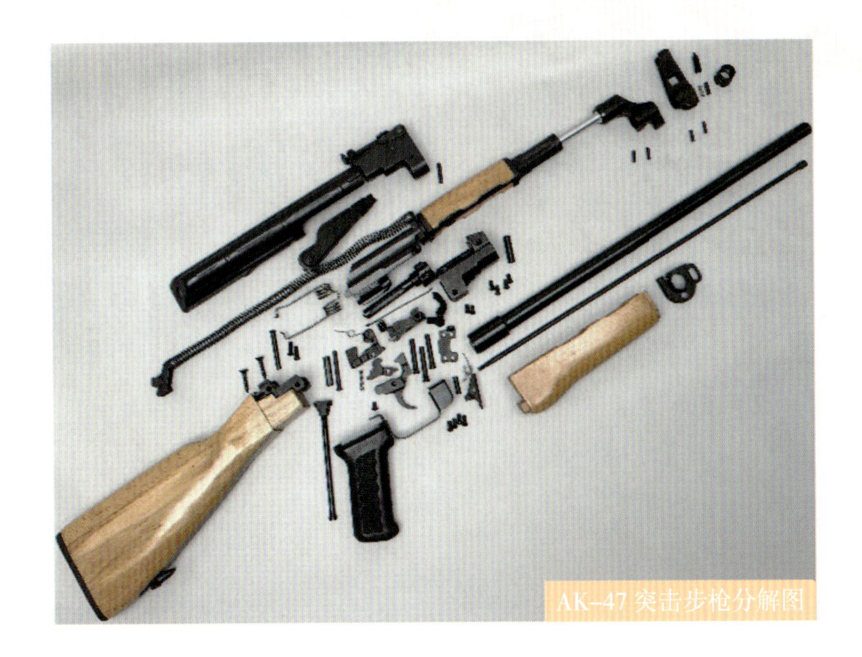

AK-47 突击步枪分解图

★ AK-47 突击步枪及子弹

•武器构造

AK-47 突击步枪由容量为 30 发子弹的弧形弹匣供弹，保险 / 快慢机柄在机匣右侧，可以选择半自动或者全自动的发射方式，拉机柄位于机匣右侧。AK-47 的枪机动作可靠，即使在连续射击有灰尘等异物进入枪内时，它的机械结构依旧可以继续保持正常运作，还能在沙漠、热带雨林、严寒等极度恶劣的环境下保持相当好的效能。AK-47 的不足之处是，由于全自动射击时枪口上扬严重，枪机框后座时撞击机匣底，其枪机抛壳口的设计令其较难安装皮卡汀尼导轨，机匣盖的设计导致瞄准基线较短，瞄准具设计不理想等，这些缺陷大大影响了其射击精度。

★ 使用 AK-47 突击步枪进行射击训练的士兵

•作战性能

AK-47 突击步枪结构简单，分解容易，易于清洁和维修，操作简便。与二战时期的步枪相比，AK-47 的枪身短小、有效射程较短（约 300 米），但火力强大，适合较近距离的突击作战。

No. 16 苏联 / 俄罗斯 AKM 突击步枪

基本参数	
口径	7.62 毫米
全长	880 毫米
空枪重量	3.3 千克
有效射程	350 米
弹容量	10/20/30 发

★ AKM 突击步枪后侧方特写

AKM 突击步枪是 AK-47 突击步枪的改进型，由米哈伊尔 · 季莫费耶维奇 · 卡拉什尼科夫设计研发，1959 年起由图拉兵工厂投入生产。

•研发历史

AKM 突击步枪于 1959 年投产，该枪作为 AK-47 突击步枪的升级版，并逐渐取代 AK-47 成为苏联军队的制式步枪。AKM 更实用，更符合现代突击步枪的要求。时至今日，俄罗斯军队和内务部至今仍有装备。除此之外，一些苏联加盟共和国及第三世界国家也有装备，还有一些国家进行了仿制和改良。

AKM 突击步枪侧面特写

•武器构造

与 AK-47 突击步枪相比较，AKM 突击步枪采用了金属冲压，把铆接改为焊接，可以减轻重量并降低生产时间和成本，利于大量生产，使其故障率比 AK-47 更低。AKM 改进最大的地方是把弹匣改成用铝合金制造，但和 AK-47 钢质弹匣通用。其次，AKM 的枪托、护木和握把，均采用树脂合成材料，由此 AKM 空枪重量仅为 3.3 千克。

★ AKM 突击步枪分解图

•作战性能

AKM 突击步枪具有重量轻、射击精度高等特点。此外，AKM 的击锤上加装了一个减速器，其目的是为了防止枪支因击锤过早撞击击针而导致哑火或降低射速的现象。然而试验记录表明，AKM 未出现过因武器方面原因引起的哑火现象，因此足以证明该枪的可靠性极好。

AKM 突击步枪及枪弹

No. 17 俄罗斯 SV-98 狙击步枪

基本参数	
口径	7.62 毫米
全长	1200 毫米
空枪重量	5.8 千克
有效射程	1000 米
弹容量	10 发

★ 两脚架上的 SV-98 狙击步枪

SV-98 是由俄罗斯枪械设计师弗拉基米尔 · 斯朗斯尔研制、伊兹马什工厂生产的手动狙击步枪，以高精度著称。

SV-98 狙击步枪侧面特写

●研发历史

自 20 世纪 60 年代以来，SVD 系列狙击步枪一直是苏联军队乃至现今俄罗斯军队的主要狙击武器。尽管 SVD 狙击步枪作为战术支援武器很有效，但在中远距离上的精度较差，不适合远距离的精确射击，也不适宜面对人质劫持之类的任务。

开发新型远程精确狙击步枪尤为必要，因此伊兹马什工厂的枪械设计师弗拉基米尔·斯朗斯尔于 1998 年开始设计 SV-98 狙击步枪。同年，SV-98 被俄罗斯执法机关和反恐怖部队少量试用，2005 年底正式被俄罗斯军方采纳。

•武器构造

SV-98 狙击步枪采用的是非自动射击，从而降低了枪体的运动，提高了精准度。该枪的枪身重量是比较重的，这样的目的是减小枪体的跳动，所以提高了射击时的稳定性，以确保射击精准度不会降低。除此之外，SV-98 的各个部件设计得也十分有特点，它的枪托可以随意调节长度和高度，使不同的射手在使用时都能够拥有同样的舒适度。该枪的脚架和枪托架，在不同的地形环境中，也可以随意地调节，从而稳定架枪。另外，它的膛口处的消声器是可以拆卸的，这样做的好处是既可以避免膛口暴露，又能够十分有效地降低后坐力。而在消声器上面的遮板，则大大减小了被敌人发现的概率，这一设计在实战过程中是非常重要的。

★ SV-98 狙击步枪及组件

•作战性能

SV-98 狙击步枪的战术定位专一而明确：专供特种部队、反恐部队及执法机构在反恐行动、小规模冲突以及抓捕要犯、解救人质等行动中使用，以隐蔽、突然的高精度射击火力狙杀白天或低照度条件下 1000 米以内、夜间 500 米以内的重要有生目标。除此之外，SV-98 所展现出的能力让设计者非常满意，并且该枪在射击精准度上甚至能和世界最精准的狙击步枪——奥地利 TPG-1 抗衡。

士兵正在用 SV-98 狙击步枪进行训练

No. 18 俄罗斯 KSVK 狙击步枪

基本参数	
口径	12.7 毫米
全长	1420 毫米
空枪重量	12 千克
有效射程	1500 米
弹容量	5 发

★ 两脚架上的 KSVK 狙击步枪

KSVK 是俄罗斯研制的重型无托结构狙击步枪，其主要用途是反狙击、贯穿厚厚的墙壁和轻型装甲战斗车辆，发射 12.7×108 毫米俄罗斯口径步枪子弹。

展览中的 KSVK 狙击步枪

●研发历史

KSVK 狙击步枪由总部设在俄罗斯科夫罗夫的狄格特亚耶夫厂于 20 世纪 90 年代末研发。它是在 SVN-98 试验型反器材步枪的基础上改进而来，后者采用 Kord 重机枪的枪管，并直接使用 PKM 通用机枪的两脚架。由于当时 SVN-98 只发射普通机枪弹，因此精度较差，在 300 米距离射击平均散布达到 160 毫米。之后经过一系列改进，最终定型为 KSVK。目前，有少量的 KSVK 被俄罗斯特种部队使用。

•武器构造

KSVK 狙击步枪采用无托结构、手动枪机操作和 5 发可拆式弹匣供弹。它的枪口配备了大型枪口装置，同时具有枪口制退器和减音器的效能。和大部分俄罗斯枪械一样，KSVK 的握把上方还配备了俄罗斯标准的瞄准镜导轨，能够加装各种白天以及黑夜使用的光学瞄准具。除此之外，该枪还配有可调整高度、可折叠的两脚架，以及折叠式机械瞄具，以应对突发状况。

★ KSVK 狙击步枪前侧方特写

•作战性能

KSVK 狙击步枪可以通用 12.7 毫米大口径普通机枪弹，也能使用专门的高精度狙击弹，以提高在远距离上的射击精度。即便不使用高精度狙击弹，KSVK 也可以在 300 米的距离击中直径 16 厘米的圆靶。不仅如此，作为反狙击步枪，该枪还可以贯穿厚的砖墙或木板墙并且杀伤躲在墙壁后方的敌人。

在雪地中使用 KSVK 狙击步枪

No. 19 奥地利AUG突击步枪

基本参数	
口径	5.56毫米
全长	790毫米
空枪重量	3.6千克
有效射程	500米
弹容量	30发

★ AUG突击步枪3D图

AUG突击步枪是奥地利斯泰尔－曼利夏公司于1977年推出的军用自动步枪，是世界上第一次正式列装、实际采用犊牛式设计的军用步枪。

•研发历史

AUG突击步枪于20世纪60年代后期开始研制，其目的是为了替换当时奥地利军方采用的Stg.58自动步枪（即FN FAL）。原计划发展步枪、卡宾枪和轻机枪这三种枪型，后来又增加了冲锋枪。1977年，该枪正式被奥地利陆军采用（命名为Stg.77），1978年开始批量生产。除奥地利外，AUG还被多个国家

AUG突击步枪后侧方特写

的军警用户所采用，包括英国、美国、阿根廷、澳大利亚、爱尔兰、卢森堡、马来西亚、巴基斯坦、菲律宾、新西兰、沙特阿拉伯等。

•武器构造

AUG 突击步枪的枪管用高强度钢冷锻成形，弹膛镀铬，机匣铝制，压铸成形。枪机上有 7 个闭锁突笋，枪机框上有两根导杆，既导引机框运动，又兼作复进簧导杆。枪托、小握把和击锤等均用塑料制成，耐腐蚀，手感好。另外，枪口装置具有消焰、制退作用。机枪一般由 30 发的透明塑料弹匣供弹，使用 SS109 北约制式枪弹。

★ AUG 突击步枪及子弹

•作战性能

AUG 突击步枪集无枪托、塑料枪身、模块化三大优点于一身，其易携带、耐腐蚀、使用寿命长，配备高倍瞄准镜，模块化的部件设计方便拆卸。它是当时少数拥有模组化设计的步枪，其枪管可快速拆卸，并可与枪族中的长管、短管、重管互换使用。在奥地利军方的对比试验中，AUG 的性能表现可靠，而且在射击精度、目标捕获和全自动射击的控制方面表现优秀，与比利时 FN CAL、捷克 Vz58、美国 M16A1 等著名步枪相比毫不逊色。

★ AUG 突击步枪前侧方特写

No. 20 奥地利 TPG-1 狙击步枪

基本参数	
口径	8.58 毫米
全长	1230 毫米
空枪重量	6.2 千克
有效射程	1500 米
弹容量	5 发

★ TPG-1 狙击步枪侧面特写

TPG-1 是奥地利尤尼科 · 阿尔皮纳公司生产的模块化、多种口径设计、高度战术应用的竞赛型手动狙击步枪。

● 研发历史

TPG-1 狙击步枪 3D 图

TPG-1 狙击步枪原为法国尤尼科 · 阿尔皮纳（Unique Alpine）公司所设计、开发，后来由于尤尼科 · 阿尔皮纳公司倒闭，项目被转移至德国并且在德国组装生产，而零部件则由德国和奥地利共同制造。TPG-1 在 2006 年举行的第 33 届国际狩猎与运动武器展览会（IWA2006）上正式推出，其名称中的“TPG”是德语“Taktisches Präzisions Gewehr”的缩写，意为“战术精密步枪”。

●武器构造

TPG-1 为手动狙击步枪，采用旋转后拉式枪机，具有不同口径的多种型号，通过更换枪管和枪机组件即可快速实现不同型号之间的转换。TPG-1 使用厚重的钢制旋转后拉式枪机，易于拆卸和维护，枪机尾部是 TPG-1 的手动保险。此外，枪机可分解为枪机主体、击针组件及手动保险三个部分。

★ 两脚架上的 TPG-1 狙击步枪

●作战性能

TPG-1 狙击步枪的外观设计十分特别，符合人体工学。值得一提的是，该枪除了拥有极高的精度外，模块化设计也是它的一大亮点。TPG-1 结构简单，性能可靠，而且生产成本低，所以它不失为一款性价比高的武器。

TPG-1 狙击步枪后侧方特写

No. 21 奥地利 SSG 69 狙击步枪

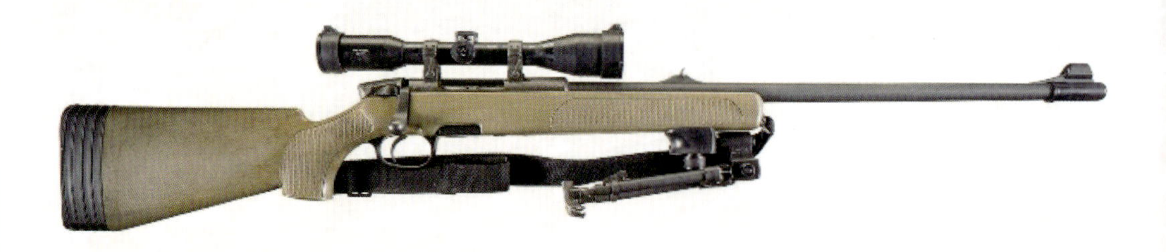

基本参数	
口径	7.62 毫米
全长	1140 毫米
空枪重量	4 千克
有效射程	800 米
弹容量	5 发

SSG 69 是奥地利斯泰尔－曼利夏公司研制及生产的旋转后拉式枪机狙击步枪，被不少执法机关所采用，可发射 7.62×51 毫米北约步枪子弹。

装有瞄准镜的 SSG 69 狙击步枪

●研发历史

二战结束后，奥地利联邦国防军曾使用过美制 M1903A4 狙击步枪，后来又采用了德制 Kar 98k 步枪并将其命名为 SSG 59 狙击步枪。在北约确定 7.62×51 毫米枪弹为制式枪弹后，SSG 59 被改为 7.62 毫米口径。然而 SSG 59 是由军用步枪改装的狙击步枪，虽然

两脚架上的 SSG 69 狙击步枪

在战场上曾有出色的表现，但由于军用步枪是精度、可靠性、制造成本等各项性能折中的产物，因此并不是理想的狙击步枪，而且二战时期的技术、战术指标已不能满足现代战争的要求，所以奥地利军方在 20 世纪 60 年代中期提出了设计新型狙击步枪的要求：新型狙击步枪在 400 米距离上对头像靶、600 米距离上对胸靶、800 米距离上对跑动靶的命中率至少要达到 80%。根据这一标准，斯泰尔 - 曼利夏公司在 1969 年研制了 SSG 69 狙击步枪，并迅速装备奥地利军队。

●武器构造

SSG 69 狙击步枪的闭锁方式为枪机回转式，开、闭锁时需人工将枪机转动 60 度。该枪采用加长机匣，使枪管座的长度达到 51 毫米，从而使枪管与机匣牢固结合。此外，枪管采用冷锻加工方法制造，枪托用合成材料制成，托底板后面的缓冲垫可以拆卸，因此枪托长度可以调整。

SSG 69 狙击步枪采用卡勒斯 ZF69 瞄准镜，也可采用红外夜视瞄准具。另外，该枪还配有普通机械瞄准具，供紧急情况下使用。

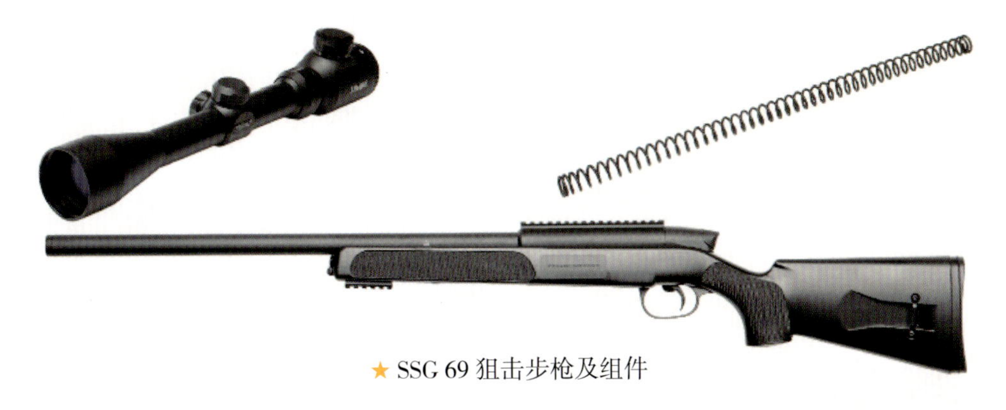

★ SSG 69 狙击步枪及组件

●作战性能

无论在战争还是大大小小的国际比赛之中，SSG 69 狙击步枪都证明了它是一支非常准确的狙击步枪。据专门执行反恐任务的奥地利宪兵突击队（GEK）中的狙击手称，SSG 69 能够在 100 米处命中一枚硬币、800 米处命中胸环靶、500 米处命中头像靶。然而，SSG 69 最大的优点在于保证精度的条件下减小了重量，很多口径相同且精度与 SSG 69 不相上下的狙击步枪的重量要大很多。

★ 士兵正在使用 SSG 69 狙击步枪

No. 22 比利时 FN FAL 自动步枪

基本参数	
口径	7.62 毫米
全长	1090 毫米
空枪重量	4.25 千克
有效射程	600 米
弹容量	20/30/50 发

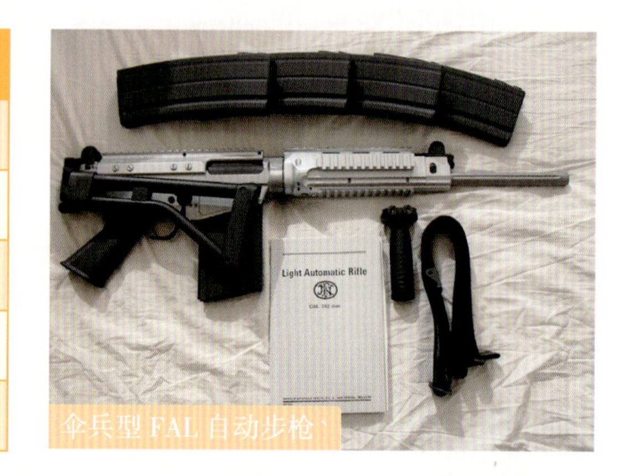

伞兵型 FAL 自动步枪

FAL 自动步枪是由比利时 FN 公司设计的 7.62×51 毫米口径自动步枪。FAL 的英文名称是 Light Automatic Rifle，意为“轻型自动步枪”。FAL 是世界上著名步枪之一，曾是许多国家的制式装备。

•研发历史

FAL 自动步枪源于二战结束后英国新的步枪研制计划，最初设计使用 7.92×33 毫米中间型威力枪弹，根据英国的要求改成 7×43 毫米口径。时逢北约为简化后勤供应进行弹药通用化选型，FAL 最终决定采用 7.62×51 毫米北约标准枪弹。在美国军方的新步枪选型试验

士兵使用 FAL 自动步枪进行射击训练

中，春田兵工厂的 T44（即 M14）步枪胜出，FAL 却不幸落选，但被其他许多国家选为制式步枪。随着小口径步枪的兴起，从 1980 年持续到 1990 年，许多国家装备的 FAL 都被小口径步枪替换。

•武器构造

FAL 自动步枪采用气动式工作原理，枪机采用偏移式闭锁。导气装置位于枪管上方，导气管前端有可调整的螺旋气体调节器，能够根据不同的环境状况调整枪弹发射时进入导气装置的火药气体压力。此外，该枪带有空枪挂机机构，不随枪机运动的拉柄位于机匣左侧，快慢机柄可选择单发和连发射击模式，机匣上方装有可折叠的提把，枪口装有消焰器。

FAL 自动步枪分解图

•作战性能

FAL 自动步枪价格较低，工艺精良，可靠性好，易于分解，枪托接近枪管轴线，有效抑制枪口跳动，单发精度好。不仅如此，由于该枪产量极大，又曾是西方国家的主力战斗步枪，更被西方雇佣兵带到世界各地征战，因此 FAL 有着“自由世界的右手”美称。

丛林中作战的 FAL 自动步枪

No. 23 瑞士 SIG SG 550 突击步枪

基本参数	
口径	5.56 毫米
全长	998 毫米
空枪重量	4.05 千克
有效射程	400 米
弹容量	5/10/20/30 发

★ SG 550 突击步枪上方视角

SG 550 突击步枪由瑞士 SIG 公司于 20 世纪 70 年代研制，是瑞士陆军的制式步枪，也是世界上最精确的突击步枪之一。

• 研发历史

20 世纪 70 年代后半期，在世界轻武器出现小口径浪潮的情况下，瑞士军方也决定寻求一种小口径步枪，以取代部队装备的 SG 510 系列 7.62 毫米步枪。经过评比，瑞士军方在 1983 年 2 月最终选择了瑞士工业公司的 SG 541 步枪，采用后并命名为 SG 550。除瑞士陆军以外，还有巴西、智利、法国、德国、印度、印度尼西亚、马来西亚、马耳他、波兰、罗马尼亚、西班牙等国的军队或特种部队采用。

★ 装有刺刀的 SG 550 突击步枪

•武器构造

SG 550 突击步枪采用气动自动方式，可单连发射击，枪托、护木和弹匣均由塑料制成，其护圈扳机可旋转，利于戴防寒手套射击。SG 550 大量采用冲压件和合成材料，大大减小了全枪重量。枪管用镍铬钢锤锻而成，枪管壁很厚，没有镀铬。消焰器长 22 毫米，可安装新型刺刀。标准型的 SG 550 有两脚架，以提高射击的稳定性。

★ 装有瞄准镜的 SG 550 突击步枪

•作战性能

SG 550 突击步枪的主要优点是精度高及可靠性优异，主要的缺点是重量较大，导致其机动性降低。

★ 士兵正在使用 SG 550 突击步枪

第 3 章

机枪

机关枪简称机枪，通常分为轻机枪、通用机枪、重机枪三种，是全自动、可快速连续发射子弹的枪械。主要特征是：为了满足连续射击的稳定需要，带有两脚架、枪架或枪座，发射步枪子弹，能连续射击，以杀伤有生目标为主，也可以射击其他无装甲防护或薄装甲防护的目标。

No. 24 美国 M1917 重机枪

基本参数	
口径	7.62 毫米
全长	980 毫米
全枪重量	47 千克
有效射程	900 米
弹容量	250 发

M1917 重机枪是美国枪械设计师约翰·勃朗宁研发，于 1917 年成为美军的制式武器。该枪在一战和二战中都是美军的主力重机枪。

★ 三脚架上的 M1917 重机枪

●研发历史

1900 年，著名枪械设计师勃朗宁成功设计了一种枪管短后坐式原理的重机枪，并获得了专利权。在此基础上做出较大改进后，勃朗宁于 1910 年制造出水冷式重机枪的样枪。

一战爆发后，由于美国从法国购买的 M1915 机枪性能不佳，无法满足美军要求，所以美国军方希望能够在国内寻找一种更加优秀的机枪来替代它。这时勃朗宁设计的重机枪引起了美国国防部的注意。随后，美国战争部的一个委员会对该枪进行了射击试验。但是在射击试验多达 2 万发枪弹后，依然有人质疑勃朗宁机枪的性能。之后，勃朗宁又拿出一款使用加长单弹链的机枪，并在美国战争部的手里进行了长达 48 分 12 秒的连续射击试验，美军对这款机枪的表现非常满意，随后就与勃朗宁签了购买合同。1917 年，该枪被美军作为制式武器，并命名为 M1917 重机枪。

★ M1917 重机枪侧面特写

●武器构造

M1917 重机枪采用弹带供弹，利用枪机后坐能量带动拨弹机构运动。该枪枪管可以在节套中拧进或拧出，以调整弹底间隙。除此之外，M1917 重机枪还配有三脚架以及瞄准装置。该枪准星为片状，可做横向调整，表尺为立框式，可修正风偏。但由于 M1917 重机枪采用水冷结构，因此在高寒及无水地区不便使用。

展览中的 M1917 重机枪

★ 测试中的 M1917 重机枪

●作战性能

M1917 重机枪并未采用马克沁机枪的肘节闭锁，该枪 47 千克的重量相比较同时期的其他重机枪，例如 MG08 以及维克斯重机枪来说较为轻便，同时也拥有良好的可靠性。直到今天也在被非正规军事组织使用，因为其水冷的特性能够提供长时间的持续火力。

No. 25 美国 M2 重机枪

基本参数	
口径	12.7 毫米
全长	1650 毫米
空枪重量	38 千克
有效射程	1830 米
弹容量	110 发

M2 重机枪是由约翰·勃朗宁在一战后设计的重机枪，也是美军轻武器中服役时间最长的一种，直到 21 世纪仍在各国服役，皆有很好的评价。

★ 安装在三脚架上的 M2 重机枪

•研发历史

M2 重机枪其实是 M1917 重机枪的口径放大重制版本。1921 年，新枪完成基本设计，1923 年美军把当时的 M2 命名为“M1921”，并用于 1920 年的防空及反装甲用途。1926 年

安装在作战车辆上的 M2 重机枪

布朗宁去世，在之后的 1927 ~ 1932 年间，由美国的塞缪尔·格林博士针对 M1921 的设计问题以及军方需求做出调整。1930 年，柯尔特还针对 M1921 推出了部分改进的版本，如 M1921A1 与 M1921E2。1932 年，改进版本正式被美军命名为“M2”。

•武器构造

M2 重机枪采用枪管短后坐式工作原理，结构独特。射击时，随着弹头沿枪管向前运动，在膛内火药气体压力作用下，枪管和枪机同时后坐。M2 用途广泛，为了对应不同配备，它可在短时间内改为机匣右方供弹而无须专用工具。此外，该枪采用简单的片状准星和立框式表尺，准星和表尺都安置在机匣上，V 字蝴蝶形扳机装在机匣尾部并附有两个握把，射手可通过闭锁或开放枪机来调节全自动或半自动发射。

M2 重机枪及弹药

•作战性能

M2 重机枪使用 12.7 毫米口径北约制式弹药，并且有高火力、弹道平稳、极远射程的优点，每分钟 450 ~ 550 发（二战时空用版本为每分钟 600 ~ 1200 发）的射速及后坐作用系统令其在全自动发射时十分稳定，射击精准度高。不仅如此，美国军队除装备带三脚架的 M2 重机枪外，还将它装配在步兵战车上作地面支援武器使用，也作坦克上的并列机枪使用。

M2 重机枪正在开火

No. 26 美国斯通纳 63 轻机枪

基本参数	
口径	5.56 毫米
全长	1022 毫米
空枪重量	5.3 千克
有效射程	200~1000 米
弹容量	30 发

★ 斯通纳 63 轻机枪及子弹

斯通纳 63 轻机枪由尤金 · 斯通纳设计，是越南战争中美国“海豹”突击队的主战武器之一。

•研发历史

斯通纳 63 轻机枪后侧方特写

1960 年，尤金 · 斯通纳离开阿玛莱特公司，转而加入卡迪拉克 · 盖奇公司，在这里研究一种新型武器。该武器的特点是采用一个通用机匣，通过更换不同的部件可在轻机枪和步枪之间进行转换。由于受到 M16 突击步枪（使用 M193 步枪弹）成功的影响，卡迪拉克 · 盖奇公司决定让这种新型武器也发射 M193 步枪弹，于是斯通纳在 1963 年对新型武器做了一些改进，并重新命名为斯通纳 63。

武器构造

斯通纳63轻机枪采用开放式枪机设计，配100发弹链及塑料弹箱，机匣右边供弹，左边抛壳，可快速更换枪管，导气管位于枪管底部，海军陆战队在1967年曾经试用。

★ 加装弹鼓的斯通纳63轻机枪

作战性能

斯通纳63轻机枪的枪管不仅能够快速更换，还可以在轻机枪与步枪之间自由转换。除此之外，该枪具有良好的可靠性和通用性，即使是在潮湿闷热的越南丛林中也能够有效地进行运作。

★ 士兵手中的斯通纳63轻机枪

No. 27 美国 M249 轻机枪

基本参数	
口径	5.56 毫米
全长	1035 毫米
空枪重量	7.5 千克
有效射程	1000 米
供弹方式	M27 弹链

★ M249 轻机枪侧面特写

M249 轻机枪是在 FN Minimi 轻机枪的基础上改进而成的，于 1984 年正式成为美军三军制式班用机枪，也是步兵班中最具持久连射火力的武器。

射击中的 M249 轻机枪

●研发历史

20 世纪 60 年代，随着班用武器的小口径化，美军的班用机枪也在向这个方向发展。虽然美军装备有 M16 轻机枪和 M60 通用机枪，但前者的持续射击性不好，后者的重量又过大。于是美军公开招标新型小口径机枪。当时有不少的老牌枪械公司来投标，其中有比利时 FN 公司。在老牌公司的角逐后，FN 公司胜出。于是美军决定采用 FN 公司的机枪，并命名为 XM249 轻机枪。随后，美军又对 XM249 轻机枪做了一些测试，结果均符合他们的要求，于是就将 XM249 正式作为制式武器，重新命名为 M249 轻机枪。

•武器构造

★ M249 轻机枪及弹链

M249 轻机枪采用气动、气冷原理，枪管可快速更换，令机枪手在枪管故障或过热时无须浪费时间修理。护木下前方装有折叠式两脚架以利于部署定点火力支援，亦可对应固定式三脚架及车用射架。枪机回转式闭锁机构，弹链供弹机构是 MAG 机枪供弹机构的缩小型，既能用弹链供弹，又可用美国柯尔特 AR15 步枪或 M16 步枪的弹匣供弹。其供弹方式有三种：下垂式弹链供弹、弹链箱供弹及弹匣供弹，这在当今的机枪中是独一无二的。

•作战性能

M249 轻机枪在可靠性试验中表现良好。在不同的恶劣气候条件下，M249 轻机枪以不同的射速在 5 分钟内发射了 700 发枪弹，全过程无任何技术故障。在选型时进行的试验场试验和部队试验中，FN 公司的 29 支样枪共发射了 50 余万发枪弹。即使机匣的寿命定为 5 万发，但仍有些试验样枪，超过这一界限后继续射击，而且没有出现任何技术故障。

士兵正在使用 M249 轻机枪

No. 28 美国 M60 通用机枪

基本参数	
口径	7.62 毫米
全长	1077 毫米
空枪重量	12 千克
有效射程	1100 米
弹容量	50/100/200 发

★ M60 通用机枪侧面特写

M60 通用机枪从 20 世纪 50 年代末开始在美军服役，直到现在依旧是美军的主要步兵武器之一。

•研发历史

二战结束后，美国从战场上缴获了大量的德军枪械，使美国春田兵工厂从这些枪械中汲取了不少的设计经验。在参考 FG42 伞兵步枪和 MG42 通用机枪的部分设计之后，再结合桥梁工具与铸模公司的 T52 计划和通用汽车公司的 T161 计划，生产了全新的 T161E3 机枪（T 为美军武器试验代号）。1957 年，T161E3 机枪在改进后正式命名为 M60 通用机枪，用以取代老旧的 M1917 及 M1919 重机枪。

枪械爱好者手中的 M60 通用机枪

•武器构造

M60 通用机枪采用导气式工作原理，枪机回转闭锁方式。它的导气装置比较特别，采用自动切断火药气体流入的办法控制作用于活塞的火药气体能量。枪管下的导气筒内有一个凹形活塞，平时凹形活塞侧壁上的导气孔正对枪管上的导气孔。当火药气体进入导气筒内后，在凹形活塞的导气筒前部的气室中膨胀，在火药气体压力达到一定程度时推动凹形活塞向后运动，活塞又推动与枪机框相连的活塞杆向后运动。活塞向后移动时，会关闭侧壁上的导气孔，自动切断火药气体的流入。这种结构比较简单，不需要机枪常有的气体调节器，但是不能调节武器的射速。机匣、供弹机盖等均采用冲压件，因此重量小、成本低。枪内还广泛采用减少摩擦的滚轮机构，因而射击振动较小。此外，枪机组件由机体、击针、枪机滚轮、拉壳钩、顶塞等组成，机体前有两个闭锁卡笋，机体底部有曲线槽，与枪机框导突笋扣合，借助枪机回转实现开、闭锁动作。

★ 三脚架上的 M60 通用机枪

•作战性能

M60 通用机枪具有重量小、结构紧凑、火力猛、精度高、用途广泛等特点，主要用于杀伤中、近距离的集结有生目标。除此之外，该枪能有效命中 200 米移动点目标及 600 米静止点目标，对 1500 米面目标可提供压制火力。

★ 士兵正在使用 M60 通用机枪

No. 29 英国布伦轻机枪

基本参数	
口径	7.62 毫米
全长	1156 毫米
空枪重量	10.35 千克
有效射程	550 米
弹容量	30 发

★ 布伦轻机枪侧面特写

布伦轻机枪是英国在二战中装备的主要轻机枪之一，也是二战中最好的轻机枪之一。而由于性能可靠及相当出色，二战结束后，众多英联邦国家军队继续装备了该枪。

•研发历史

1933 年，英国军方选中了捷克斯洛伐克的 ZB26 轻机枪，并在该枪的基础上研发出了布伦轻机枪。1938 年，英国正式投产布伦轻机枪，英军方简称“布伦”或“布伦枪”，其名字来源于生产商布尔诺（Brno）公司和恩菲尔德（Enfield）兵工厂，由 Brno 的 Br 和 Enfield 的 En 字母组合而成。

★ 打开两脚架的布伦轻机枪

武器构造

布伦轻机枪采用导气式工作原理，枪机偏转式闭锁方式。该枪的枪管口装有喇叭状消焰器，在导气管前端有气体调节器，并设有 4 个调节挡，每一挡对应不同直径的通气孔，能够调整枪弹发射时进入导气装置的火药气体量。除此之外，该枪的拉机柄可折叠，并在拉机柄、抛壳口等机匣开口处设有防尘盖。

布伦轻机枪进行射击测试

作战性能

布伦轻机枪良好的适应能力使得它的使用范围非常广泛，在进攻和防御中都被使用，被战争证明为最好的轻机枪之一。不仅如此，该枪和美国的勃朗宁自动步枪一样，能够提供攻击和支援火力。

士兵正在使用布伦轻机枪

No. 30 英国刘易斯轻机枪

基本参数	
口径	7.62 毫米
全长	1280 毫米
空枪重量	13 千克
有效射程	800 米
弹容量	47/97 发

★ 刘易斯轻机枪前侧方特写

刘易斯轻机枪最初由塞缪尔 · 麦肯林设计，后来由美国陆军上校 I. N. 刘易斯完成研发工作，历经一战和二战的洗礼，可谓名副其实的老枪。

两脚架上的刘易斯轻机枪

●研发历史

20 世纪初期，刘易斯研发了一种轻机枪，并向美国军方推销，但被拒绝采用。沮丧的刘易斯只好带着自己的新设计来到比利时，在一家兵工厂工作。一年后，一战爆发了，比利时兵工厂的员工们都纷纷逃亡英国，同时还带走了大量的武器设计方案和设备。逃亡到英国的比利时武器专家开始关注刘易斯设计的轻机枪，并且在英国的伯明翰轻武器公司的工厂里生产刘易斯轻机枪。1915 年，英国军队将刘易斯轻机枪作为制式轻机枪，自此，该枪开始被大众瞩目。

武器构造

刘易斯轻机枪有两大特征：首先是采用粗大的散热筒包着枪管，作用是当开火时令空气被吸入筒中成为风把枪管吹冷，但后来证实此筒对冷却枪管效果有限，但却白白增加枪重；其次是在枪身上方的弹鼓，刘易斯轻机枪原本采用 47 发弹鼓，弹鼓采用中心固定式，开火时弹鼓轴承转动，把子弹推入枪内。

枪械爱好者正在使用刘易斯轻机枪

作战性能

刘易斯轻机枪的性能和实用性都十分优秀，在二战时期主要作为防空机枪，装设在卡车、火车上，或者作为固定的火力点。此外，影响自动武器连发射击精度和枪管寿命的重要因素是散热，然而刘易斯轻机枪的散热设计十分独特，它采用独创的抽风式冷却系统，比当时机枪普遍采用的水冷装置更为轻便实用。

展览中的刘易斯轻机枪

No. 31 德国 MG3 通用机枪

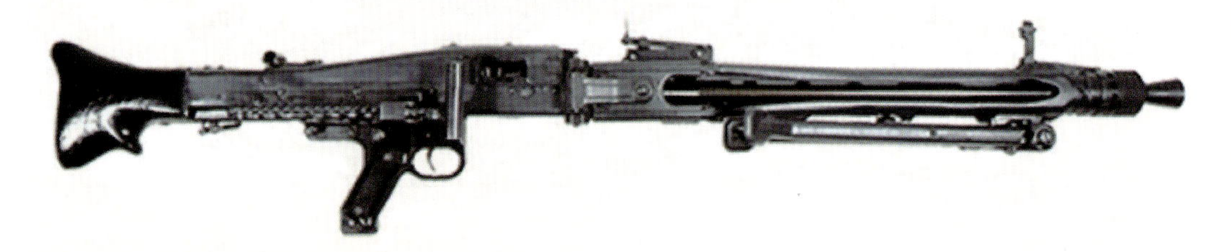

基本参数	
口径	7.62 毫米
全长	1225 毫米
空枪重量	11.5 千克
有效射程	1200 米
弹容量	50/100 发

★ 两脚架上的 MG3 通用机枪

MG3 是德国莱茵金属公司所生产的弹链供弹通用机枪，于 1969 年在德军服役。由于该枪性能优良，所以至今为止仍可在其他国家军队中看到它的身影。

士兵正在使用 MG3 通用机枪

•研发历史

最早期的 MG3 是按德国联邦国防军的要求，由莱茵金属公司在 1958 年以二战中德国的 MG42 为蓝本，改为 7.62×51 毫米北约口径生产的版本，命名为 MG1。其后再将瞄准具修改以合乎 7.62×51 毫米北约子弹的弹道及改用镀铬枪管，命名为 MG1A1（又名 MG42/58）。MG1A1 的改良版本为 1959 年的 MG1A2（MG42/59），主要改为较重的击锤（950 克，原为 550 克）、加入新式环形缓冲器以对应美国的 M13 弹链及 DM1 弹链。再后来，又加入了枪口制退装置，改良两脚架及击锤，命名为 MG1A3。而以沿用的 MG42 直接改装成 7.62×51 毫米北约的版本命名为 MG2。1968 年，设计师又在 MG2 通用机枪的基础上做了少许改进，重新命名为 MG3 通用机枪。

• 武器构造

MG3 通用机枪采用后坐力枪管后退式作用运作方式，内有一对滚轴的滚轴式闭锁枪机系统，这种设计令枪管在发射时会不断水平来回移动，当枪管移至机匣内部尽头时，闭锁会开启。在 MG3 的枪管进行连续射击时，这个过程会在枪管护套内不断地快速重复。此系统属于一种全闭锁系统，而枪管亦会溢出射击时的瓦斯，并在枪口四周呈星形喷出，在夜间容易产生巨大的射击火焰。MG3 只能全自动发射，当开启保险时击锤会锁定，无法释放。除此之外，MG3 的枪托以聚合物料制造，护木下方装有两脚架及射程可调的开放式照门，机匣顶部亦有一个防空用的照门。该枪还配有地面瞄准具或高射瞄准具。地面瞄准具由准星和 U 形缺口照门组成，可调风偏。照门可按分划调整，表尺分划为 200 ~ 1200 米。高射瞄准具由前、后照准器组成，前照准器呈同心环状，后照准器位于表尺左侧，用时竖起。

★ MG3 通用机枪及组件

• 作战性能

MG3 通用机枪动作可靠，火力猛，在结构上广泛采用冲压件和点焊、点铆工艺，生产工艺简单，成本低。而且该枪采用弹链供弹，双程输弹，单程供弹，射速可高达 1300 发 / 分，既可平射，也可高射。

美军士兵试射 MG3 通用机枪

No. 32 德国MG34通用机枪

基本参数	
口径	7.92毫米
全长	1219毫米
空枪重量	12.1千克
有效射程	200 ~ 2000米
弹容量	50/200发

★ MG34通用机枪前侧方特写

MG34是德国于1934年起采用的弹链供弹式通用机枪，1935年开始装备部队。MG34是世界上第一种通用机枪，也是德国坦克及车辆的主要防空武器。

●研发历史

MG34通用机枪由海因里希·沃尔默设计，是将MG30的弹匣供弹改为弹链供弹，加入枪管套，并综合了许多老式机枪的特点改良而来。MG34通用机枪在推出后立即成为德军的主要步兵武器。虽然MG34通用机枪的出现是为了替代MG13和MG15等老式机枪，但因为德军战线太多，直至二战结束都未能完全取代。

★ 两脚架上的MG34通用机枪

★ MG34 通用机枪及弹链

•武器构造

MG34 通用机枪采用枪管短后坐式工作原理，有膛口助退器和消焰器。枪管可以快速更换，只需将机匣与枪管套间的固定锁打开，再将整个机匣旋转即可取出枪管套内的枪管。MG34 的扳机设计十分独特，扳机护环内有一个双半圆形扳机，上半圆形为半自动模式（印有字母“E”），而下半圆形设有按压式保险的扳机则为全自动模式（印有字母“D”）。该枪的发射机构具有单发和连发功能，扣压扳机上凹槽时为单发射击，扣压扳机下凹槽或用两个手指扣压扳机时为连发射击。

•作战性能

MG34 通用机枪是第一种大批量生产的现代通用机枪。该枪不仅综合了以前许多机枪的特点，而且自身也有很多特点。比如，作轻机枪使用时，两脚架固定在枪管套筒前箍上；作重机枪使用时，机枪安装在轻型（铝制）高射三脚架或高射双联托架式枪座以及折叠式高射支柱上。除此之外，MG34 适合在碉堡、野战工事、装甲车辆等狭小空间内使用。特别是当使用弹鼓时，MG34 的瞄准基线可以进一步降低，而且不需要副射手送弹，不会发生弹链缠绕等影响射击的情况。

★ 展览中的 MG34 通用机枪

No. 33 德国 MG42 通用机枪

基本参数	
口径	7.92 毫米
全长	1220 毫米
空枪重量	11.6 千克
有效射程	1000 米
弹容量	50 发

MG42 通用机枪后侧方特写

MG42 通用机枪是德国于 20 世纪 30 年代研制的，它是二战中最著名的机枪之一。

•研发历史

MG34 通用机枪装备德军后，因其在实战中表现出较高的可靠性，很快得到了德国军方的肯定，从此成为德国步兵的火力支柱。然而，MG34 有一个比较严重的缺点，即结构复杂，而复杂的结构直接导致制造工艺的复杂，因此不能大批量地生产。但战争中需要的是可以大量制造的机枪，按照 MG34 的生产效率，即使德国所有工厂开足马力也无法满足德军前线的需求。有鉴于此，德军一直要求武器研制部门对 MG34 进行改进，所以德国设计师格鲁诺夫对 MG34 进行了多项重要的改进，最终发展成了 MG42 通用机枪。

MG42 通用机枪及弹链

•武器构造

MG42 通用机枪采用枪管短后坐式工作原理，滚柱撑开式闭锁机构，击针式击发机构。该枪的供弹机构与MG34 通用机枪相同，但发射机构只能连发射击。机构中设有分离器，不管扳机何时放开，均能保证阻铁完全抬起，以保护阻铁头不被咬断。不仅如此，MG42 的枪管更换装置结构特殊且更换迅速。该装置由盖环和卡笋组成，位于枪管套筒后侧，打开卡笋和盖环，盖环便迅速地将枪管托出。此外，该枪还采用机械瞄准具，瞄准具由弧形表尺和准星组成，准星与照门均可折叠。

•作战性能

MG42 通用机枪完全可以胜任德军的战术需要，火力压制能力相当出色。该枪的射程和其他国家的机枪基本相当，但射速要快得多，一般机枪根本无法在对射中胜过 MG42 通用机枪。MG42 通用机枪在实战中也很可靠，即使在零下 40 摄氏度的严寒中，依旧能够保持稳定的射击速度。

MG42 通用机枪正在被使用

No. 34 苏联 DShK 重机枪

基本参数	
口径	12.7 毫米
全长	1625 毫米
全枪重量	34 千克
有效射程	2000 米
弹容量	30 发

DShK 重机枪前方特写

DShK 是苏联从 1938 年开始装备的重型机枪。该枪在二战期间被步兵分队广泛应用于低空防御和步兵火力支援，也在一些重型坦克和小型舰艇上作为防空机枪。

•研发历史

三脚架上的 DShK 重机枪

1930 年，捷格加廖夫应苏联军方要求设计了一款口径为 12.7 毫米的重机枪——DK 重机枪。1931 年该枪被苏军正式采用，并在 1933 ~ 1935 年期间少量生产。该枪的整个系统基本上是 DP 轻机枪的放大型，只是枪弹威力更大。由于它采用的鼓形弹匣供弹具只能装弹

30 发，而且又大又重，因此战斗射速很低。1938 年，DK 重机枪有了些改进，主要是换装了斯帕金设计的转鼓形弹链供弹机构，有效增加了机枪的实际射速。次年 2 月，改进后的 DK 重机枪正式被采用，并重新命名为 DShK 重机枪。

★ DShK 重机枪及弹链

武器构造

DShK 重机枪采用开膛待击，闭锁机构为枪机偏转式，依靠枪机框上的闭锁斜面，使枪机的机尾下降，完成闭锁动作。此外，该枪使用不能快速拆卸的重型枪管，枪管前方有大型制退器和柱形准星，枪管中部有散热环增强冷却能力，枪管后部下方有用于结合活塞套筒的结合槽，上方有框架形立式照门。导气箍上有气体调整器，用于调整作用于活塞上的气体，以保证复进机有适当的后坐速度。

作战性能

DShK 重机枪在战争期间逐渐替换了许多 7.62 毫米马克沁重机枪，在战争中表现十分优秀。从 DShK 上发射的穿甲弹能够在 500 米距离击穿 15 毫米厚的钢板，不仅能够抗击低飞的敌机，还可以有效地对付轻型装甲目标或步兵掩体，所以它是一种极好的支援步兵地面战斗的武器。除此之外，DShK 在二战时被大量采用，通常装在转轴三脚架作固定防空用途，或装在 GAZ-AA 防空装甲车上。二战后期，DShK 被装在 IS-2 坦克及 ISU-152 自行火炮上，或被步兵用作支援用途，装在轮式射架上。

★ 士兵对 DShK 重机枪进行组装

No. 35 苏联 NSV 重机枪

基本参数	
口径	12.7 毫米
全长	1560 毫米
全枪重量	25 千克
有效射程	1500 ~ 2000 米
弹容量	50 发

★ 三脚架上的 NSV 重机枪

NSV 重机枪由苏联 KBP 仪器设计局制造，名字取自其三位设计师 G.I. Nikitin（尼基丁）、J.S. Sokolov（索科洛夫）及 V.I. Volkov（沃尔科夫）。由于 NSV 重机枪的整体性能卓越，且多处结构有所创新，所以曾被华约成员国广泛用作步兵通用机枪，其地位可与勃朗宁 M2 重机枪相媲美。

•研发历史

20 世纪 30 年代，苏联军队装备的重机枪大部分是 DShK 重机枪。随着战争形式的日新月异，DShK 重机枪的弊病开始浮现出来，其中之一就是无法适应步兵在转移中射击。为了能够适应战场，苏军对重机枪的要求是轻便、容易操作和可靠性高。1961 年，NSV 重

草坪上的 NSV 重机枪

机枪诞生，随后便与 DShK 重机枪进行对比试验，结果 NSV 重机枪各个方面都比 DShK 重机枪更胜一筹。

NSV 重机枪前侧方特写

•武器构造

NSV 重机枪无传统的抛壳挺，弹壳被枪机的抽壳钩钩住，从枪膛拉出，枪机后坐时利用机匣上的杠杆使弹壳从枪机前面向右滑，偏离下一发弹的轴线。枪机复进时，推下一发弹入膛，复进到位后，枪机左偏而闭锁，弹壳脱离枪机槽，被送入机匣右侧前方的抛壳管，再从抛壳管排到枪外。由于机匣侧面或下面无抛壳孔，因此具有火药燃气泄漏少的优点。除此之外，该枪作车载机枪使用时，抛壳管排出的火药燃气易被导向车外。

•作战性能

NSV 重机枪全枪大量采用冲压加工与铆接装配工艺，这样不仅简化了结构，还减轻了全枪质量，生产性能也较好。即使是在极其恶劣的条件下使用，该枪的性能仍比 DShK 重机枪更可靠，而且还可作车载机枪或在阵地上使用。

NSV 重机枪正在被使用

No. 36 苏联 RPD 轻机枪

基本参数	
口径	7.62 毫米
全长	1037 毫米
全枪重量	7.4 千克
有效射程	100 ~1000 米
弹容量	100 发

★ 博物馆中的 RPD 轻机枪

RPD 轻机枪是由瓦西里 · 捷格加廖夫设计，苏联科夫罗夫机械厂研制生产的 7.62×39 毫米轻机枪，用于取代苏联 7.62×54 毫米 DP 轻机枪。

埃及海军陆战队的 RPD 轻机枪

• 研发历史

随着苏联红军机械化建设的日新月异，过去只适合静态阵地战的重机枪，并不适用运动作战。即使苏联红军装备了一些轻机枪，如 DP/DPM 轻机枪，但其净重依旧还是让步兵们感到携带吃力。因此，苏联红军迫切需要一种能够紧随步兵实施行进间火力支援的轻便机枪。根据这个要求，捷格加廖夫设计出一种结构独特的轻机枪，其命名为 RPD 轻机枪。

•武器构造

RPD 轻机枪的枪托和手柄是木制的，其余部分是钢制的。在制动机制方面，RPD 采用瓦斯气压传动式，在枪机左右两侧各有一个突耳，利用这两个突耳，使枪机与枪机容纳部完成闭合。除此之外，该枪瞄准装置由圆柱形准星和弧形表尺组成，准星可上下左右调整。击发机构属于平移击锤式，机框复进到位时由击铁撞击击针，而且发射机构只能进行连发射击。

手持 RPD 轻机枪的孟加拉士兵

•作战性能

RPD 轻机枪具有结构简单紧凑、质量较小、使用和携带较为方便等优点。值得一提的是，RPD 轻机枪是第一种使用 7.62×39 毫米口径子弹的机枪。

★ 美国海军陆战队士兵使用 RPD 轻机枪

No. 37 捷克斯洛伐克 ZB26 轻机枪

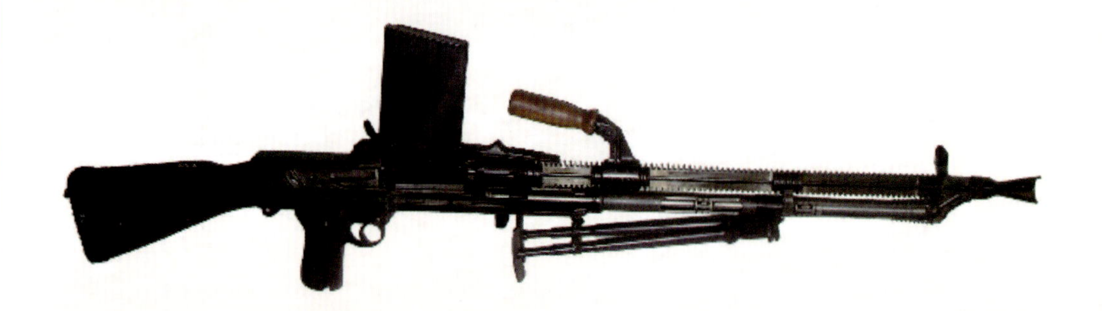

基本参数	
口径	7.92 毫米
全长	1161 毫米
空枪重量	9.65 千克
有效射程	1000 米
弹容量	20/30 发

★ 两脚架上的 ZB26 轻机枪

ZB26 轻机枪于 1924 年诞生，是世界上最著名的轻机枪之一，除了装备捷克军队外，还装备于数十个国家军队。

●研发历史

1920 年，捷克斯洛伐克布拉格军械厂枪械设计师哈力克设计了一种新型轻机枪——Praga Ⅰ轻机枪。该枪经过捷克斯洛伐克国防部的测试，其性能与勃朗宁、麦迪森和维克斯等设计的轻机枪不相上下，于是国防部要求在该枪的基础上继续发展。之后，在哈力克的精心打造下，Praga Ⅱ A 轻机枪诞生了。

1923 年，捷克斯洛伐克国防部征集轻机枪以供捷克陆军使用。哈力克以 Praga Ⅱ A 参加测试。在测试后，Praga Ⅱ A 被国防部选中，成为捷克斯洛伐克陆军制式武器。但后来布拉格军械厂濒临破产，无力生产 Praga Ⅱ A 轻机枪，哈力克及大部分技术人员选择了离职。1925 年 11 月，布拉格军械厂与捷克斯洛伐克国营兵工厂签署了生产合约，哈力克随后加入了捷克斯洛伐克国营兵工厂，协助完成 Praga Ⅱ A 轻机枪的生产。1926 年，由布拉格军械厂和捷克斯洛伐克国营兵工厂合力生产的 Praga Ⅱ A 轻机枪被定名为布鲁诺国营兵工厂 26 型轻机枪，即 Zbrojovka Brnovzor 26，简称 ZB26。

展览中的 ZB26 轻机枪

•武器构造

ZB26 轻机枪侧面特写

ZB26 轻机枪发射 7.92×57 毫米枪弹，采用弹匣供弹，弹匣位于机匣的上方，从下方抛壳。由于弹匣在枪身上方中心线，因此瞄准具偏出枪身左侧安装。枪管外部有散热片，枪管口装有喇叭状消焰器。枪管上靠近枪中部有提把，方便携行与快速更换枪管，对于轻机枪来说，更换枪管的速度是十分重要的。膛口装置上四周钻有小孔。此外，枪托后部有托肩板和托底套，内有缓冲簧以减少后坐力，两脚架可根据要求伸缩。

•作战性能

ZB26 轻机枪前侧方特写

ZB26 轻机枪结构简单，枪机动作可靠，即使是在激烈的战斗中和恶劣的自然环境下也不容易损坏，且使用和维护都十分方便。除了射击精确外，该枪只要更换枪管就可以持续射击。不仅如此，二人机枪小组也大大提高了机枪实战性能，而且一般步兵经过简单的射击训练就能够使用该枪进行作战。

No. 38 捷克斯洛伐克 ZB37 重机枪

基本参数	
口径	7.92 毫米
全长	1095 毫米
空枪重量	21 千克
有效射程	1000 米
弹容量	100/250 发

★ ZB37 重机枪前方特写

ZB37 重机枪和 ZB26 轻机枪同为布鲁诺国营兵工厂出品。ZB37 为一种气冷式重机枪，其外销型又名 M53 重机枪。

三脚架上的 ZB37 重机枪

●研发历史

20 世纪 20 年代之前，捷克斯洛伐克所使用的重机枪主要是马克沁水冷式重机枪，但此时该重机枪已经属于落伍的品种，捷克斯洛伐克军方希望为自己的军队装备一种可以快速机动、火力猛、使用简便的新型重机枪。随后，捷克斯洛伐克军方将研发新型重机枪的任务下达于布鲁诺国营兵工厂。接到任务的布鲁诺国营兵工厂立即召集各大设计师开始研发新型重机枪，最终在 1935 年成功研制了 ZB35 型气冷重机枪，但该枪在军方测试后发现没有想象的那样完美。随后，布鲁诺国营兵工厂在该枪的基础上不断改进，于 1937 年打造出 ZB37 重机枪。

展览中的 ZB37 重机枪

●武器构造

ZB37 重机枪采用风冷式枪管，枪管上有散热片，可以快速更换。ZB37 的握把兼作拉机手柄，子弹上膛时把握把前推，钩住联动杆再向后拉，到位后子弹已上膛能够被击发，若不拉到位的话无法按发射按钮。ZB37 采用金属弹链供弹，弹链直接由枪机连杆带动，这比其他机枪的进弹系统可靠。

●作战性能

ZB37 重机枪具有火力猛、密度高等优点，因此该枪比同时期装备的马克沁重机枪以及日军装备的九二式和三年式重机枪在性能方面要占较大优势，深受军官士兵的青睐。

射击中的 ZB37 重机枪

No. 39 俄罗斯 Kord 重机枪

基本参数	
口径	12.7 毫米
全长	1625 毫米
空枪重量	25.5 千克
有效射程	2000 米
弹容量	50 发

★ Kord 重机枪上方视角

Kord 是以 NSV 重机枪为蓝本研制而成，发射 12.7×108 毫米俄罗斯口径步枪子弹。目前，Kord 重机枪已经建立了其生产线，正式通过了俄罗斯军队测试并且被俄罗斯军队所采用。

展览中的 Kord 重机枪

●研发历史

20 世纪 80 年代，苏联军队装备的重机枪为 NSV 重机枪。苏联解体后，为了能更好地武装自己的军队，俄罗斯决意打造一款属于自己的重机枪。随后，俄罗斯政府给狄格特亚耶夫工厂下达了命令，要求该厂研制出能够发射 12.7 毫米口径步枪子弹，并且能够作为安装在车辆上或具有防空能力的重机枪。最终，狄格特亚耶夫工厂推出了Kord重机枪。

•武器构造

Kord重机枪采用长行程活塞导气原理，枪机回转闭锁，枪管可以快速更换。虽然Kord重机枪的性能、构造以及外观上都与苏联军队制式的NSV重机枪相似，但内部机构已被重新设计，其中闭锁机构由原来的水平旋转后膛闭锁改为卡拉什尼科夫样式转栓式枪机闭锁机构设计。此外，气动式操行系统也已被修改，供弹方向也由右边供弹改为左边供弹。这些改进的变化让该枪的后坐力比NSV重机枪降低了许多，让其在持续射击时有更大的准确性。不仅如此，Kord重机枪还新增了构造简单、可以让步兵队更容易使用的6T19轻量型两脚架，这样使得Kord重机枪可以利用两脚架协助射击，这一点对于12.7毫米（0.50英寸）口径重机枪而言，实属一个非常独特的功能。

Kord重机枪及供弹系统

•作战性能

Kord重机枪设计的主要目的是对付轻型装甲目标。该枪可以摧毁地面2000米范围内的敌方人员，以及高达1500米倾斜范围内的空中目标。除了步兵版本，该枪也被安装在俄罗斯T-90主战坦克以及T-14型主战坦克的防空炮塔上用作防空机枪。

士兵使用Kord重机枪进行射击训练

No. 40 比利时 FN Minimi 轻机枪

基本参数	
口径	5.56 毫米
全长	1040 毫米
全枪重量	7.1 千克
有效射程	300 ~1000 米
弹容量	20/30 发

★ FN Minimi 轻机枪前侧方特写

FN Minimi 轻机枪是比利时 FN 公司在 20 世纪 70 年代研制成功的，主要装备步兵、伞兵和海军陆战队。现该枪已装备美国、比利时、加拿大、意大利和澳大利亚等国家。

•研发历史

★ 两脚架上的 FN Minimi 轻机枪

FN Minimi 轻机枪在 20 世纪 70 年代初期开始研发，当时北约各国仍然普遍装备发射 7.62×51 毫米北约制式口径的通用机枪，但这类 7.62 毫米口径的通用机枪，如同厂的 FN MAG 通用机枪、联邦德国的 MG3 通用机枪或美国的 M60 通用机枪，空枪重量都已超过 10 千克，对单兵携带而言是太重，而且连射的后坐力太强，单靠手持难以握持及控制，需要搭配脚架使用，或预先建立一个机枪位，但这样机枪手便很难紧随步兵班推进及提供火力支援，令整个步兵作战单位的机动性和持续火力受到影响。此时，比利时 FN 公司看准各国步兵单位普遍缺乏一款重量和体积都可由单兵携带及使用、即使不使用脚架都可提供持续火力的机枪，于是投入 5.56 毫米口径机枪的开发。70 年代后期，FN Minimi 机枪正式被推出，80 年代初加入美国陆军举行的班用自动武器（SAW）评选并获得大量采用，更令 Minimi 名声大噪。

•武器构造

★ FN Minimi 轻机枪及弹链

FN Minimi 轻机枪采用开膛待击的方式，增强了枪膛的散热性能，有效防止枪弹自燃。导气箍上有一个旋转式气体调节器，并有三个位置可调：一个为正常使用，可以限制射速，以免弹药消耗量过大；另一个为在复杂气象条件下使用，通过加大导气管内的气流量，减少故障率，但射速会增高；最后一个是发射枪榴弹时使用。此外，该枪的独特之处是其供弹机构，不仅能够使用弹链供弹，还可使用弹匣供弹。FN Minimi 轻机枪的另外一大特点是枪管更换十分方便，只需用一只手捏住提把即可装卸。

•作战性能

FN Minimi 轻机枪具有重量轻、体积小、结构紧凑、操作方便、勤务简单等优点。而且该枪可靠性较高，因此更适合作班用支援武器。由于它的杰出表现，连极力推崇枪族通用化的美国也将其作为 M60 通用机枪的替代品大量装备部队。

射击中的 FN Minimi 轻机枪

No. 41 以色列 Negev 轻机枪

基本参数	
口径	5.56 毫米
全长	1020 毫米
空枪重量	7.65 千克
有效射程	300 ~1000 米
弹容量	150 发

★ Negev 轻机枪侧面特写

Negev 轻机枪由以色列军事工业公司制造，于 1985 年正式开始研发，并于 1997 年被以色列国防军正式采用。

•研发历史

1990 年，以色列的徒步士兵、车辆、飞机和船舶装备的主要机枪是 FN MAG 通用机枪。虽然该机枪的通用性极好，但作为单兵器来说，该枪还是显得太笨重，不便于士兵携带。因此，以色列国防军需要寻找一种新型的便于携带的轻机枪，来

★ 草坪上的 Negev 轻机枪

增强步兵分队的压制火力。

按照以色列军方的要求，以色列军事工业公司打造了一款新型轻机枪——Negev 轻机枪。正当以色列国防军打算采用 Negev 轻机枪时，半路杀出个 FN Minimi 轻机枪。这两种枪在性能上相差不大，并且在 1990 年以色列就已经装备了少量的 FN Minimi 轻机枪。相对于 Negev 轻机枪来说，FN Minimi 轻机枪的优势就在于经历过实战检验，且价格便宜。但是后来 FN Minimi 轻机枪没有得到适当的维护，导致性能下降，因此在以色列国防军中的声誉也开始有所下滑；另一方面，以色列军事工业公司通过政治手段向军方施压，要求军方支持国产，所以以色列国防军才最终决定采购比 FN Minimi 轻机枪价格高的 Negev 轻机枪。

•武器构造

Negev 轻机枪与 FN Minimi 轻机枪相同，可以弹链及弹匣供弹，但弹匣口改为机匣下方，配有塑料套的两脚架及 M1913 皮卡汀尼导轨，其两脚架更可充当前握把。后期型内盖配有独立前握把及可拆式激光瞄准器，也可装上短枪管。枪托折叠时不会阻碍弹盒，设计紧凑。

★ Negev 轻机枪及弹链

•作战性能

Negev 轻机枪是一把可靠及准确的轻机枪，有着轻型、紧凑及适合沙漠作战的优势，更可通过改变部件或设定来执行特别行动且不会减低火力及准确度。不仅如此，Negev 轻机枪除了作为单兵携行的轻机枪之外，还能用于车辆、飞机以及船舶上。

★ 射击中的 Negev 轻机枪

FN HERSTAL BELGIUM
SUREFIRE

第 4 章

手枪和冲锋枪

手枪的出现，一定程度上是为了便于隐藏和携带，军官们通常都离不开手枪；而冲锋枪则是为了保持短时间内强有力的火力倾泻，为近战而生。看似两者之间并没有什么相同之处，实际上手枪和冲锋枪是非常相似的一对，因为两者使用的子弹相同，且在构造上也有许多相同点。

No. 42 美国 M1911 手枪

基本参数	
口径	11.43 毫米
全长	210 毫米
空枪重量	1105 克
有效射程	50 米
弹容量	8 发

★ M1911 手枪及弹匣

M1911 手枪是美国柯尔特公司于 20 世纪初研制的半自动手枪，1911 年开始在美军服役，之后经历了两次世界大战和多次局部战争。

●研发历史

M1911 手枪的研制计划可以追溯到 19 世纪末美军在菲律宾和当地人发生的武装冲突。当时美军装备的是柯尔特 9 毫米口径左轮手枪，但该枪性能不够理想，所以美军便决定研制一种新型手枪来装备其军队。

1907 年，美国正式招标 11.43 毫米口径手枪作为新一代的军用制式手枪，在对该手枪项目竞标中，柯尔特公司和萨维奇公司的手枪被美国军方选中，随后两家公司的产品便进入试验和改进中。在 1910 年末的 6000 发子弹射击试验中，柯尔特的样枪射完子弹没有出现任何问题，而萨维奇公司的样枪则出现 37 次故障，最后自然是柯尔特公司胜出。

1911 年 3 月 29 日，柯尔特公司的手枪正式成为美国陆军的制式手枪，定型为 M1911。1913 年，由于 M1911 手枪的性能十分出色，也被美国海军和美国海军陆战队选为制式手枪。

•武器构造

M1911 手枪的操作原理为：弹头被推出枪管时，枪管和套筒也因后坐力而后退，枪管尾端以铰链为轴朝下方摆动；同时，套筒内的闭锁凹槽和枪管尾端的凸筋分离，弹壳退出枪膛并弹出；然后，退到最后的套筒在弹簧的作用下复位将弹夹内的子弹上膛，手枪所有结构复位。

M1911 手枪使用起来非常安全，不容易出现走火等事故。它采用了双重保险设计，其中包括手动保险和握把式保险。手动保险在枪身左侧，处于保险状态时击锤和阻铁都会被锁紧，套筒不能复进。握把式保险则需要用掌心保持按压力度才可以保持战斗状态，松开保险后手枪就无法射击。

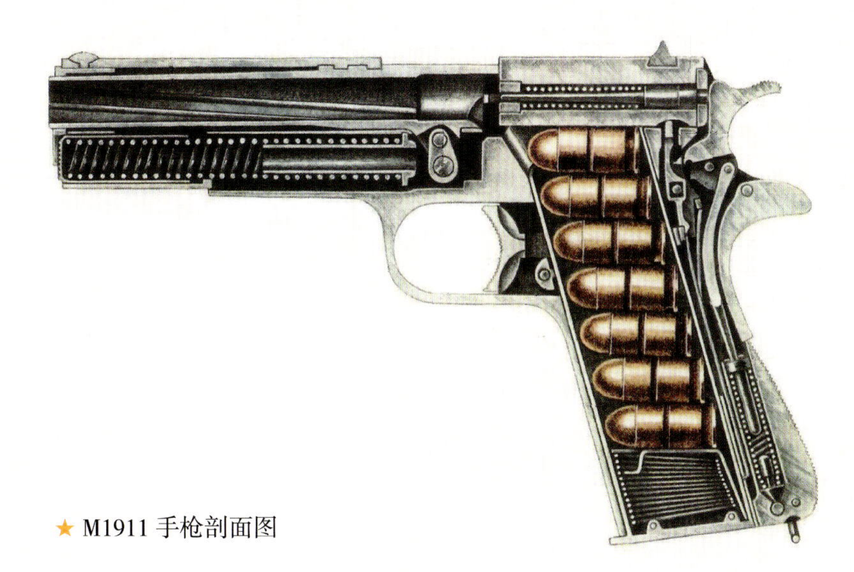

★ M1911 手枪剖面图

•作战性能

M1911 手枪性能优秀，其 11.43 毫米的大口径能够确保在有效射程内快速让敌人失去战斗能力，而且该手枪的故障率很低，不会在一些关键时刻“掉链子”，这两点对战斗手枪来说十分关键。此外，该手枪结构简单，零件数量较少，而且易于拆解，方便维护和保养。

★ M1911 手枪使用的弹匣及子弹

No. 43 美国 M9 手枪

基本参数	
口径	9 毫米
全长	217 毫米
空枪重量	969 克
有效射程	50 米
弹容量	15 发

★ M9 手枪后侧方视角

M9 手枪是美军自 1990 年起装备的制式手枪，由意大利伯莱塔 92F（早期型 M9）及 92FS 手枪衍生而成。

●研发历史

1978 年，美国空军提出需要采用一种新的 9 毫米口径半自动手枪，用以取代老旧的柯尔特 M1911A1 半自动手枪，多家著名枪械公司参加了选型试验。1980 年，美国空军官方宣布伯莱塔 92S-1 手枪比其他型号稍好。此时，美国其他军种也正好需要寻找新的辅助武器。因此，更严格的一轮试

★ M9 手枪美国陆军专用版

验又开始了，伯莱塔公司送交的型号为 92SB-F，之后更名为 92F。1985 年 1 月，美国陆军宣布伯莱塔 92F 手枪胜出，被选为制式手枪并正式命名为 M9。

★ M9 手枪上方视角

●武器构造

M9 手枪的套筒座包括握把都是由铝合金制成的，然而为了减轻枪重，握把外层的护板是木质的。此外，在保险装置上，不再是过去的按钮式，而是变成了摇摆杆，增大了扳机护圈，即便是戴上手套扳动扳机也十分顺手。

●作战性能

M9 手枪维修性好，故障率低。据试验证明，该枪在风沙、尘土、泥浆及水中等恶劣战斗条件下适应性强，从 1.2 米高处落在坚硬的地面上也不会发生意外走火，而且一旦在战斗中损坏，较大故障的平均修理时间不超过半小时，小故障不超过 10 分钟。

士兵用 M9 进行射击训练

No. 44 美国 MEU（SOC）手枪

基本参数	
口径	11.43 毫米
全长	209.55 毫米
空枪重量	1105 克
有效射程	70 米
弹容量	7 发

★ MEU（SOC）手枪及弹匣

MEU（SOC）手枪的官方命名为 M-45 MEUSOC，是一种气冷式、弹匣供弹、枪管短行程后坐作用操作、单动操作的半自动手枪。

黑色涂装的 MEU（SOC）手枪

●研发历史

M9 手枪无论从外部结构还是作战性能，都能在手枪界排上名次，但是对于美国海军陆战队的成员来说，比起 M9 手枪，他们更喜欢 M1911 手枪。20 世纪 80 年代末期，美国海军陆战队上校罗伯特 · 杨对 M1911 手枪提出了一系列的改善，以适合

21 世纪的战场。1986 年，美国精密武器分部和陆战队步枪分队装备商接受 M1911 手枪的改善工作。这些改进后的 M1911 手枪没有正式名字，一律称为 MEU（SOC）手枪或 MEU 手枪。

★ MEU（SOC）手枪上方视角

•武器构造

MEU（SOC）手枪的组件都是由手工装配的，因此不可以互换。武器序列号的最后四个数字分别印在枪管的顶部和套筒部件的右侧。早期的套筒在前端没有防滑纹，为了便于射手轻推套筒来确认膛内是否有子弹，新的套筒在前面增加了防滑纹。除此之外，该枪还安装了一个纤维材料的后坐缓冲器，缓冲器能够降低后坐感，在速射时尤其有利。

•作战性能

MEU（SOC）手枪采用缓冲器可以降低后坐力，在速射时尤其有利，但其本身似乎不太耐用，批评的声音就集中在缓冲器的小碎片容易积累在手枪里面导致出现故障。但大多数美国海军陆战队员认为这没多大问题，因为在海军陆战队里面所有的武器都能得到定时和充分的维护，如果缓冲器破损会很快被发现并在出现问题前更换。

士兵正在使用 MEU（SOC）手枪进行射击训练

No. 45 美国“蟒蛇”手枪

基本参数	
口径	9 毫米
全长	217 毫米
空枪重量	952 克
有效射程	50 米
弹容量	6 发

★“蟒蛇”手枪侧后方视角

“蟒蛇”（Python）手枪是由柯尔特公司设计生产的一款左轮手枪，被历史学家威尔逊称为“柯尔特左轮手枪中的劳斯莱斯”。枪械历史学家伊恩·霍格也曾形容它是“世界上最佳的左轮手枪”。

•研发历史

在设计“蟒蛇”手枪的时候，柯尔特公司最初的想法是准备设计一种加强型底把的 9.65 毫米口径特种单 / 双动击发的比赛级左轮手枪，结果由于偶然的决定，最后造就了一支以精度和威力著称的 9 毫米口径经典转轮

★“蟒蛇”手枪正面视角

手枪。“蟒蛇”是一把双动操作的左轮手枪，兼具弹仓和膛室功能的转动式弹巢能够装载、发射及承受威力及侵彻力强大的点 357 马格努姆手枪子弹（口径 0.357 英寸）。

•武器构造

“蟒蛇”手枪及子弹

“蟒蛇”手枪采用大型 I 式底把，并且有一个兼具弹仓和膛室功能的转动式弹巢。“蟒蛇”左轮手枪的扳机在完全扳上时，弹巢会闭锁以便于撞击子弹底火。弹巢和击锤之间的距离较短，使扣下扳机和发射之间的距离缩短，以提高射击精度和速度。由于枪管下面有一直延伸到枪口端面的枪管底部退壳杆保护凸耳、装上瞄准镜的霰弹枪型散热肋条和外观精美而且可拆卸、可调节和可转换的照门，因此“蟒蛇”手枪的外观较其他左轮手枪更为独特。

•作战性能

“蟒蛇”手枪的射击精准度较高，其威力足以在近距离击倒一只猛兽。除此之外，“蟒蛇”的声誉来自它的准确性、顺畅而且很容易扣下的扳机和较紧密的弹仓闭锁。

★“蟒蛇”手枪及其他配件

No. 46 美国“巨蟒”手枪

基本参数	
口径	9 毫米
全长	245 毫米
空枪重量	1300 克
有效射程	50 米
弹容量	6 发

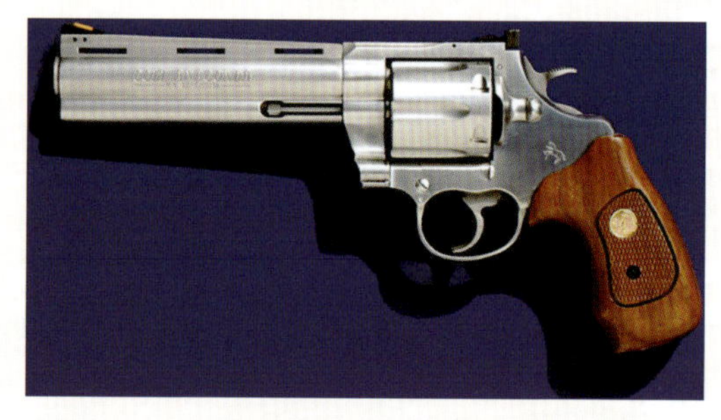
★“巨蟒”手枪正面特写

“巨蟒”是由美国柯尔特公司设计并生产的一款 6 发式左轮手枪，于 1990 年起推出市场，在外观上与“蟒蛇”手枪极为相似。

•研发历史

1990 年，“巨蟒”手枪刚开始上市销售就被查出其射击精准度有问题，所以被暂时停止销售了一段时间，后来该问题被查明来自枪管缺陷，修复问题以后，“巨蟒”手枪又被重新销售。虽然该手枪可以发射威力巨大的子弹，但其后坐力并不大。1999 年，“巨蟒”手枪停止销售。

“巨蟒”手枪前侧方特写

●武器构造

“巨蟒”手枪结构简单，安全可靠，可轻易排除不发弹。除了握把以外均采用不锈钢精细加工，表面抛光，握把材质则有橡胶和木头两种，整体结构紧凑。弹膛为一整体转轮，上面设有6个供安装子弹的弹槽，依次与枪管吻合，可单发射击。装弹和退弹时，手枪弹巢自手枪左侧退出。转轮上的6个弹巢入口处的斜面加工精细，有利于子弹平稳装入。该手枪的瞄准具有两种：一种是机械瞄准具，由大型的片状星和表尺组成；另一种是光学夜视瞄准仪，用于夜间使用。

“巨蟒”手枪弹巢特写

●作战性能

“巨蟒”手枪因其射击精准而闻名世界。不仅如此，该手枪在二战后还是柯尔特公司最主要的双动式左轮手枪。因为威力较大，所以该手枪更适合于射击比赛和打猎。

装有瞄准镜的“巨蟒”手枪

No. 47 美国 Grizzly 手枪

基本参数	
口径	11.43 毫米
全长	267 毫米
空枪重量	1360 克
有效射程	200 米
弹容量	7 发

Grizzly 手枪侧面特写

Grizzly 手枪是佩里 · 阿内特设计、L.A.R. 公司 [公司名来源于三位创办人名字 Larisch（拉瑞尔森）、Augat（阿格特）和 Robinson（罗宾逊）的缩写] 生产的一款半自动手枪。

•研发历史

士兵正在使用 Grizzly 手枪

20 世纪 80 年代，一股大威力手枪的热潮，引发了新老手枪设计师的一场明争暗斗，人人都想在这一次竞争中脱颖而出。在众多的手枪设计师中，温文尔雅、谈吐之间透露着贵族气息的佩里 · 阿内特，却有着常人不一样的设计思想，同时也有着不一般的商业头脑。当时美军使用的 M1911 手枪异常热火，军方、警方乃至平民，都十分喜爱这款手枪。佩里 · 阿内特看到了商机，他将 M1911 手枪口径放大，推出了该手枪的大威力版本——Grizzly 手枪。Grizzly 手枪一经推出，立刻引起了不小的轰动，当然也为阿内特本人带来了不少的财富。

•武器构造

Grizzly 手枪口径的改装套件通常包括一根枪管、一个弹匣、抛壳顶杆、抽壳钩、枪管衬套和复进簧。除此之外，还包括一个衬套式枪口缓冲补偿器和用于装上补偿器的扳手。

Grizzly 手枪及弹匣

•作战性能

Grizzly 手枪使用威力更大的 11.43 毫米温彻斯特 - 马格南子弹，而不是原版 M1911 手枪的 11.43 毫米 ACP 子弹。之后推出的 Grizzly V 型手枪，还能够发射 11.17 毫米马格南和 12.7 毫米 AE 子弹。由于该手枪的尺寸、重量和后坐力较大，因此其主要市场是在狩猎和金属靶射击。

Grizzly 手枪及子弹

No. 48 美国 M29 手枪

基本参数	
口径	11.17 毫米
全长	193.6 毫米
空枪重量	1250 克
有效射程	50 米
弹容量	6 发

★ M29 手枪侧面特写

★ M29 手枪侧方特写

M29 手枪是由史密斯－韦森公司设计生产的一款 6 发式左轮手枪，装备于美国军警界，尤其在美国警匪电影中经常会出现此枪。

●研发历史

20 世纪 50 年代，在美国有许多人热爱野外射击运动，比如在野外猎杀一些大型食肉动物，不过当时的人们没有太多威力适中且性能优秀的小型武器。史密斯－韦森公司针对这一情况，开始研发一款专门用于大型危险狩猎射击运动的武器。随后，1957 年，史密斯－韦森公司考察了不同的野外环境，结合客户反馈的有用信息，设计出了 M29 手枪。虽然 M29 手枪设计的初衷是用于野外射击，但由于性能比较突出，所以也大受一些执法部门的欢迎。

•武器构造

M29 手枪属于 N 形底把结构设计，采用优良的抛光和镍表面涂层技术，而且该枪使用 0.44 英寸口径的马格努姆弹，火力强大，因此赢得了当时“世界上最大威力手枪”的美称。

★ M29 手枪及子弹

•作战性能

M29 手枪结构简单，所用的零件数量也很少，但破坏力极为惊人，并且安全可靠。除此之外，它的双动扳机扣力平滑，单发击发时扳机更轻，射击精准度也更高，适用于近距离的应急自卫。

黑色涂装的 M29 手枪

No. 49 美国 M327 TRR8 手枪

基本参数	
口径	9 毫米
全长	267 毫米
空枪重量	1000 克
有效射程	50 米
弹容量	8 发

★ 黑色涂装的 M327 TRR8 手枪

★ M327 TRR8 手枪弹巢特写

M327 TRR8 手枪是由史密斯－韦森公司设计生产的一款 8 发式 N 形底把双动操作式战术型左轮手枪，发射点 357 马格努姆弹（口径 0.357 英寸）。

●研发历史

2000 年，史密斯－韦森公司以发射 0.357 英寸马格努姆枪弹的 M627 手枪为基础，将转轮座改为使用钪合金制作，开发出 M327 TRR8 左轮手枪。TRR8 是“tactical rail round 8”的缩写。其型号 M327 是依照史密斯－韦森公司在型号前加表示所使用材料的惯例，在使用钪合金材料编号的枪械之前，公司编号以 3 开头，如 M325（0.45 英寸 ACP 口径）、M329（0.44 英寸马格努姆口径）等。M327 TRR8 手枪设计新颖，出类拔萃。

•武器构造

M327 TRR8 手枪的枪管下方和转轮座顶部设有两个可拆卸式附件导轨，还可附加光学瞄准镜以及激光瞄准器等，这不仅实现了左轮手枪战术化的理念，还将左轮手枪的发展提高了一个层次。

加装瞄准镜的 M327 TRR8 手枪

•作战性能

M327 TRR8 手枪使用钪合金，这样不仅不会出现转轮座强度不足的问题，还能够实现高度轻量化，并且又能发射大威力马格努姆子弹。

★ M327 TRR8 手枪及子弹

No. 50 德国鲁格 P08 手枪

基本参数	
口径	9 毫米
全长	222 毫米
全枪重量	871 克
有效射程	50 米
弹容量	8 发

★ 鲁格 P08 手枪前侧方特写

鲁格 P08 手枪是两次世界大战里德军最具有代表性也是最早期的半自动手枪之一。该枪在战场上表现出极高的可靠性，因此被德国陆军作为制式自卫武器。

★ 鲁格 P08 手枪及枪套

●研发历史

1893 年，美籍德国人雨果 · 博尔夏特发明了世界上第一种自动手枪——7.65 毫米 C93 式博尔夏特手枪，该枪外形笨拙且不实用。后来，和他同一个工厂的乔治 · 鲁格对这种手枪的结构进行了改进设计，并于 1899 年定型。1900 年，该枪被瑞士选为制式手枪。此后，鲁格公司继续进行对该枪的改良。1904 年，改良后使用 9×19 毫米口径子弹的鲁格手枪被德国海军采用。后来在 1908 年，鲁格手枪亦被德国陆军所列装，以取代前线部队中的 M1879 帝国转轮手枪。该版本亦是鲁格手枪中最普遍和广为人知的型号，也是德国陆军于两次大战中普遍使用的制式手枪。该枪被命名为“1908 年型手枪”，简称 P08。虽然从 1938 年起鲁格 P08 手枪开始逐步被更新及更先进的瓦尔特 P38 手枪所取代，但直至二战结束为止，它依旧没有被完全取代。

•武器构造

鲁格 P08 手枪采用枪管短后坐式工作原理，配有 V 形缺口式照门表尺，片状准星，发射 9 毫米帕拉贝鲁姆手枪弹。此外，该枪最大的特色是采用了来自博查特 C-93 手枪的肘节式起落闭锁设计，击发时枪管和枪机会因后坐力而向后移动，其枪机肘节会像毛虫走路般曲起，以完成推弹入膛和抛壳的过程，这种设计跟现代大部分半自动手枪采用的滑套设计有所出入。

★ 鲁格 P08 手枪分解图

•作战性能

鲁格 P08 手枪有多种变形枪，其中，P08 炮兵型是该系列手枪中的佼佼者，射击精度较高，能够命中 200 米处的人像靶。由于该枪的知名度颇高，至今为止依旧是世界著名手枪之一。

★ 鲁格 P08 手枪及弹匣

No. 51 德国 PP/PPK 手枪

基本参数（PP）	
口径	7.65 毫米
全长	170 毫米
空枪重量	665 克
有效射程	30 米
弹容量	8 发

★ PPK 手枪正面特写

PP 手枪是由德国卡尔 · 瓦尔特运动枪有限公司制造的半自动手枪，PPK 手枪是 PP 手枪的派生型，尺寸略小。虽然两者都已经诞生了 90 多年，但依旧是小型手枪的经典之作。

• 研发历史

一战结束后，各参战国签订了《凡尔赛条约》。德国作为战败国，受到了很多限制，其中一条就是枪械的口径不得超过 8 毫米，枪管长不得超过 100 毫米。鉴于此，瓦尔特公司于 1929 年开发了一种具有划时代意义的半自动手枪——PP 手枪。这种手枪使用了原本只用在转轮手枪上的双动发射机构，实现了历史性跨越。

PP 手枪及弹匣

1930 年，为了满足高级军官、特工、刑事侦探人员的需求，瓦尔特公司又在 PP 手枪的基础上推出了 PPK 手枪。与 PP 手枪相比，PPK 手枪的性能毫不逊色，体形却比前者更小巧，方便隐蔽携带，在使用安全性上的设计也更为周到，例如在握把底面后端增加了背带环等。

●武器构造

PP/PPK 手枪采用外露式击锤，配有机械瞄准具，套筒左右都有保险机柄，套筒座两侧加有塑料制握把护板。弹匣下部有一塑料延伸体，可以让射手握得更牢固。此外，两者都使用 7.65 毫米柯尔特自动手枪弹。

★ PP 手枪上方视角

●作战性能

PP/PPK 手枪采用自由枪机式工作原理，枪管固定，结构简单，动作可靠。该手枪的成功在于它把左轮手枪的双动发射机构与自动手枪结合在一起，实现了划时代的历史性跨越。

★ PPK 手枪及弹药

No. 52 德国 PPQ 手枪

基本参数	
口径	9 毫米
全长	180 毫米
空枪重量	615 克
有效射程	50 米
弹容量	10/15/17 发

★ PPQ 手枪正面特写

PPQ 手枪是瓦尔特公司为德国执法部门所设计的一款半自动手枪，其部分设计借鉴 P99 手枪，包括弹匣在内的部件可通用。

黑色涂装的 PPQ 手枪

●研发历史

“快速防卫型”（即当扳机被扣动时，扳机连杆上的突起物顶起连系着击针保险的分离式控制杆，撑起一个阻铁钩，同时让完全预先装填的击针总成释放并向前移，并使手枪射击）扳机是瓦尔特公司自主研发的一种新型扳机系统，有着不错的实用性。该公司为将这种系统发扬光大，需要一种新型手枪，来装置“快速防卫型”扳机。另一方面，德国军警和平民对瓦尔特公司的产品非常信赖，都支持其研发新型扳机系统手枪。得到其他人的肯定，加上自己的期望，瓦尔特公司最终推出了“快速防卫型”PPQ 手枪。

•武器构造

PPQ 手枪设有三个保险装置，即扳机保险、内置式击针保险和快速保险功能。该手枪套筒、抛壳口上方的开口具有上膛指示器，如果膛室内装弹的话，使用者可通过该开口看到。除此之外，该手枪还具有一个玻璃钢增强聚合物材料制造的底把和钢制套筒组件，且所有金属表面都经过镍铁表面处理。

另外，该手枪装有一根使用传统型阳膛和阴膛的枪管，子弹通过这种枪管时非常稳定，不会“东倒西歪”。枪管下方的复进簧导杆尾部加装了一个蓝色聚合物帽，这样不仅可以减少枪管与复进簧导杆尾部接触位置的摩擦损耗，还能够防止使用者在维护手枪后，安装复进簧导杆时出现如倒装等装置问题。

★ PPQ 手枪及弹药

•作战性能

PPQ 手枪分解简单，精准度高，在继承过去优秀手枪特性的同时，还使用了新型技术。“新旧结合”不仅让该枪作战性能优秀，也使得其可靠性优良，实属一把“攻守”兼备的武器。加上 PP 系列手枪一贯的人体工学设计，握把舒适，指向性好，即使是手掌尺寸偏小的亚洲人也能舒适地使用。

★ 带有枪套的 PPQ 手枪及子弹

No. 53 德国 Mk 23 Mod 0 手枪

基本参数	
口径	11.43 毫米
全长	421 毫米
全枪重量	1210 克
有效射程	20~50 米
弹容量	12 发

★ 黑色涂装的 Mk 23 Mod 0 手枪

Mk 23 Mod 0 手枪是 1991 年由枪械设计师海穆特 · 威尔多（Helmut Weldle）设计，HK 公司生产的一款半自动手枪。Mk 23 Mod 0 手枪的特别设计之处是有比赛等级、可加装消声器、激光瞄准器以及可以发射 0.45 英寸 ACP（11.43×23 毫米）的 AA18、A475 比赛等级高压子弹。

●研发历史

1980 年，美国特种作战司令部为了加强下属特战队员的作战能力，向外发出了新型手枪的招标信息。1989 年，按照该招标，Mk 23 Mod 0 手枪被设定为进攻型手枪。1991 年底，HK 公司以 USP 手枪为基础所改

Mk 23 Mod 0 手枪及组件

进而成的 Mk 23 Mod 0，按照特种作战司令部的要求被提交到特种作战司令部，并与其他公司[包括柯尔特公司的进攻型手枪武器系统（OHWS）]进行竞标。在经过严格测试以后，最终击败柯尔特 OHWS 并且获特种作战司令部采用，经过少量修改后成为现在命名的 Mk 23 Mod 0。

第一批 Mk 23 Mod 0 手枪在生产完毕后已经于 1996 年 5 月 1 日送到了特种作战司令部手上。而 HK 公司亦在同年把 Mk 23 手枪及其配件商业市场化。

●武器构造

Mk 23 Mod 0 手枪使用一根特制的六边形膛线设计和枪膛镀铬的枪管，目的在于提高准确性和耐用性。它还装有一个设于枪身两边的手动保险和弹匣释放按钮，使得双手皆能轻松操作。手动保险的位置是在大型待击解脱杆的后部，而弹匣释放按钮的位置是在扳机护圈的后部，而且两者都故意设计得很大，主要是为了方便双手的大拇指可以直接操作和戴上手套射击时轻松上弹。设于左侧的大型待击解脱杆是在手动保险的前部，能够降低外置式击锤以锁上全枪。

★ 加装战术组件的 Mk 23 Mod 0 手枪

●作战性能

Mk 23 Mod 0 手枪具有极高的精度。试验表明，Mk 23 Mod 0 手枪在恶劣环境下不仅有着特别高的耐久性、防水性和耐腐蚀性，而且还能够在发射数万发子弹后枪管也不会损坏或需要更换，完全符合特种部队作战的要求。

正在被使用的 Mk 23 Mod 0 手枪

No. 54 德国 HK45 手枪

基本参数	
口径	11.43 毫米
全长	191 毫米
全枪重量	785 克
有效射程	40~80 米
弹容量	10 发

★ 黑色涂装的 HK45 手枪

HK45 手枪是由德国著名轻武器制造商 HK 公司于 2006 年设计、2007 年生产的半自动手枪，是 HK P30 的 0.45 英寸 ACP 口径版本。

●研发历史

HK45 手枪是由德国军火制造商 HK 公司于 2006 年设计、2007 年生产的半自动手枪，其设计目的是要满足美军“联合战斗手枪”计划之中的各项规定。该计划打算为美国特种部队更换一种可以发射 11.43 毫米口径 ACP 普通弹、比赛级弹和高压弹的半自动手枪，并且取代 M9 手枪。不过，“联合战斗手枪”计划在 2006 年

★ HK45 手枪正面特写

被中止，目前 M9 手枪仍然是美军的制式手枪。但 HK 公司继续改进 HK45，并把它投入商业、执法机关和军事团体的市场。

●武器构造

HK45 手枪基本上是 HK USP45 和 HK P2000 的经验合并，并借用了一些 HK P30 手枪的改进要素，所以 HK45 具有以上手枪的许多内部和外部特征。它最明显的外表变化是略向前倾斜的套筒前端，在扳机护圈前方有皮卡汀尼导轨，握把前方带有手指凹槽。与 P2000 手枪一样，HK45 也有可更换的握把背板，以适应使用者手掌大小。为了更符合人体工学，HK45 使用容量为 10 发的专用可拆式双排弹匣。

HK45 手枪及弹药

●作战性能

HK45 手枪不仅大量使用了新型材料和新技术加工工艺，还加上了良好的人机工效设计，因此使得该枪的操作非常方便快捷，并且具有优良的功能扩展性。

装有消声器的 HK45 手枪

No. 55 德国 USP 手枪

基本参数	
口径	9/10/11.43 毫米
全长	194 毫米
空枪重量	780 克
有效射程	50 米
弹容量	12/13/15 发

★ USP 手枪及弹匣

USP 手枪是 HK 公司研发的一种半自动手枪，该枪性能优秀，被世界多个国家的军队和警察作为制式武器。

USP 手枪侧面特写

●研发历史

20 世纪中后期，HK 公司先后推出了不少性能优秀的手枪，例如 HK4 手枪、P7 手枪和 P9S 手枪等。这些手枪占据了德国军警大部分市场，也为 HK 公司带来了大量的金钱收入。但是该公司并没有得意忘形，反而是静心

“修炼”以便设计出更好的手枪。另一方面，90 年代时手枪开始偏向轻量化，采用聚合物料。于是，HK 公司为了能跟上潮流，抢占市场，推出了 USP 手枪。

• 武器构造

USP 手枪由枪管、套筒座、套筒、弹匣和复进簧组件 5 个部分组成，共有 53 个零件。其滑套是以整块高碳钢加工而成，表面经过高温和氮气处理，具有很强的防锈和耐磨性。该枪的枪身由聚合塑胶制成，为避免滑套与枪身重量分布不均，在枪身内衬了钢架以降低重心，增强射击稳定性。USP 手枪的撞针保险和击锤保险为模块式，且扳机组带有多种功能，能依射手的习惯进行选择。

USP 手枪及子弹

• 作战性能

USP 手枪结构合理，动作可靠，经过双重复进簧装置抵消后坐力，其快速射击时的精度也大大提高。该枪还可加装多种战术组件，大大增强了在特殊环境下的作战性能。

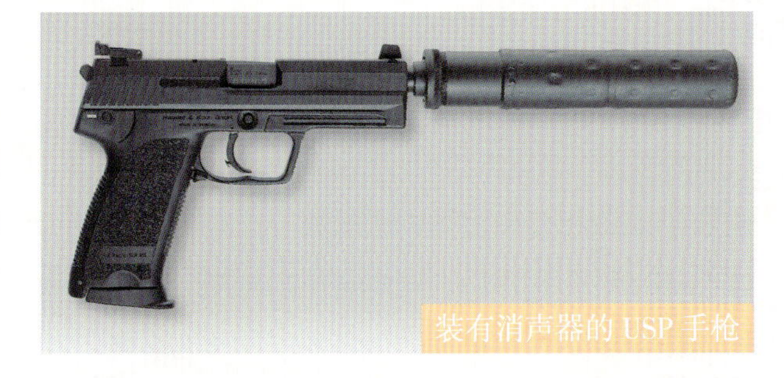
装有消声器的 USP 手枪

No. 56 德国 MP5 冲锋枪

基本参数	
口径	9 毫米
全长	680 毫米
空枪重量	2.54 千克
有效射程	200 米
弹容量	15/30/100 发

★ 带消声器的 MP5 冲锋枪前侧方特写

MP5 是由德国 HK 公司所设计及制造的冲锋枪，是 HK 公司最著名及制造量最多的枪械产品之一。

●研发历史

MP5 冲锋枪的原设计来自 1964 年 HK 公司以 HK G3 冲锋枪的设计缩小而成的 HK54 冲锋枪项目。HK54 中的“5”为 HK 公司的第五代冲锋枪，“4”则为使用 9×19 毫米子弹。西德政府采用后正式命名为 MP5。瑞士同年成为第一个德国以外用 MP5 的国

枪械爱好者正在使用 MP5 冲锋枪

家。在 1990 年后期，HK 公司推出了为特定用户开发的 10 毫米 Auto 及 0.40 英寸 S&W 版本（MP5/10 及 MP5/40）。1970 ~ 2000 年，MP5 系列冲锋枪一直保持其用户数量的领导地位。

●武器构造

MP5 冲锋枪采用了与 G3 自动步枪一样的半自由枪机和滚柱闭锁方式，当武器处于待击状态在机体复进到位前，闭锁楔铁的闭锁斜面将两个滚柱向外挤开，使之卡入枪管节套的闭锁槽内，枪机便闭锁住弹膛。射击后，在火药气体作用下，弹壳推动机头后退。一旦滚柱完全脱离卡槽，枪机的两部分就一起后坐，直到撞击抛壳挺时才将弹壳从枪右侧的抛壳窗抛出。

MP5 冲锋枪及组件

●作战性能

虽然 MP5 冲锋枪结构复杂，容易出现故障，单价高昂，且空枪较新一代的冲锋枪重，但它有高命中精度、可靠、后坐力低及威力适中等优点。美中不足的是，MP5 使用手枪子弹虽然在可能发生的混战或匪徒胁持人质的场面中防止误杀队友或人质，但无法有效贯穿防弹衣，且射程不远，难以应付较远距离着防弹衣的敌人。

★ 装有消声器的 MP5 冲锋枪

No. 57 德国 MP40 冲锋枪

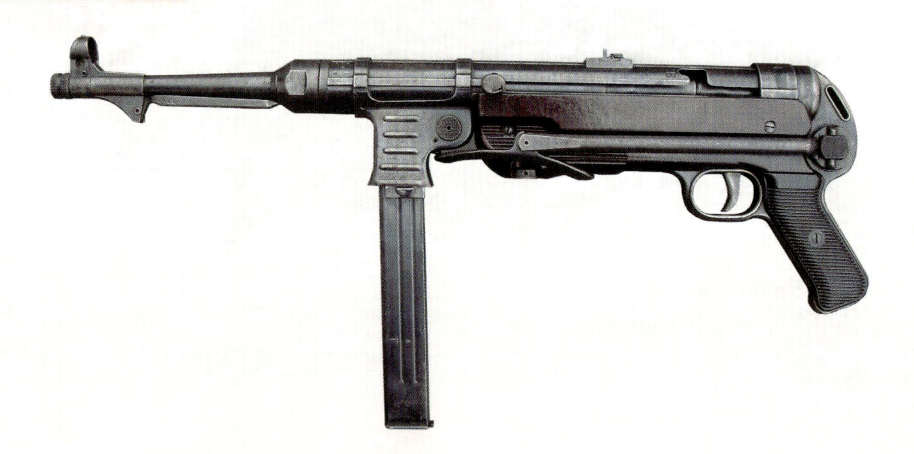

基本参数	
口径	9 毫米
全长	630 毫米
空枪重量	3.97 千克
有效射程	100 ~ 200 米
弹容量	32 发

★ MP40 冲锋枪侧面特写

士兵手持 MP40 冲锋枪

MP40 冲锋枪常被称为“施迈瑟”冲锋枪，是一种为方便大量生产而设计、与传统枪械制造观念不同的冲锋枪。

●研发历史

早在一战时德国就拥有实用性冲锋枪——MP18 冲锋枪，但是该枪的保险机构并不完善，受到大振动时较容易走火。20 世纪 30 年代，枪械设计师海因里希 · 沃尔默以 MP18 冲锋枪为基础，对它的保险机构以及机匣等部件做了优化改进。1938 年，这种改进后的冲锋枪被命名为 MP38。二战开始后，为了能满足德军对冲锋枪的需求，海因里希·沃尔默又对 MP38 冲锋枪做进一步改进，此次改进主要是简化枪械机构和生产工艺，便于大量生产，这种改进后的冲锋枪重新命名为 MP40。

●武器构造

MP40 冲锋枪发射 9 毫米口径鲁格弹，以直型弹匣供弹，采用开放式枪机原理、圆管状机匣，移除枪身上传统的木制组件，握把及护木均为塑料。该枪的折叠式枪托使用钢管制成，能够向前折叠到机匣下方，方便携带。此外，枪管底部的钩状座可由装甲车的射孔向外射击时固定在车体上。

MP40 冲锋枪及子弹

●作战性能

MP40 冲锋枪是二战期间德国军队使用最广泛、性能最优良的冲锋枪，在近身距离作战中可提供密集的火力。手持 MP40 的士兵，后来成为二战中德国军人的象征。实际上，最早的 MP40 只是由装甲兵和空降部队使用，随着生产量的加大，MP40 普遍装备基层部队，成为受到作战部队欢迎的自动武器，不但装备装甲部队和伞兵部队，在步兵单位的装备比例也不断增加，且总是优先配发给一线作战部队。

★ MP40 冲锋枪及弹匣

No. 58 俄罗斯 GSh18 手枪

基本参数	
口径	9 毫米
全长	184 毫米
空枪重量	470 克
有效射程	50 米
弹容量	18 发

★ GSh18 手枪上方视角

GSh18 手枪前侧方特写

GSh18 的名字来源于它的设计者瓦西里 · 格里亚泽夫（Vasily Gryazev）和阿尔卡迪 · G. 希普诺夫（Arkady G. Shipunov），而数字 18 是表示其弹匣容量。

●研发历史

1998 年夏季，俄罗斯以 P96 手枪为原型设计了一种新型的手枪，也就是 GSh18。同年该枪还参加了俄罗斯从 1993 年开始的军队新型手枪试验。两年后，GSh18开始进行全方位的测试，测试后又进行了一些改进和完善。2001年，GSh18被俄罗斯司法部特种部队、内政部和军队特种部队所采用，并开始向国外出口。

•武器构造

GSh18手枪采用了枪管短行程后坐作用，以及一个不寻常的凸轮偏转式闭锁结构。枪管外表面具有10个组成环状、分布均匀的锁耳，回转角度约为18度。冷锻法制造的枪管具有6条多边形膛线，扳机机构为击针击发、双动操作，并设有一个默认式扳机，扳机上装有3毫米厚的钢板。

GSh18手枪未完全分解图

•作战性能

GSh18手枪是专为近距离战斗设计的军用半自动手枪，具有体积小、重量轻、弹匣容弹量大和射击稳定性好等优点，因此它是俄罗斯乃至世界新一代军用手枪中的佼佼者。

★ GSh18手枪及弹匣

No. 59 俄罗斯 SR1“维克托”手枪

基本参数	
口径	9 毫米
全长	195 毫米
空枪重量	950 克
有效射程	100 米
弹容量	18 发

★ SR1“维克托”手枪正面特写

SR1“维克托”手枪威力较大，同时也是最新型俄罗斯军用制式手枪（备用枪械）之一，其设计目的是在 100 米内的近身距离作战时，杀伤穿着个人防弹衣的敌人。

•研发历史

1991 年，设计师尤里科夫研制出威力较强的船艉形子弹，编号 RG052。枪械设计师谢尔久科夫根据该子弹设计出了 RG055 手枪。由于 RG055 手枪比传统自卫手枪性能好，所以被俄安全部门看中，进而改进成了 SR1“维克托”手枪。2003 年 5 月，SR1“维克托”手枪正式列为俄军制式装备。

★ SR1“维克托”手枪及弹匣

•武器构造

SR1“维克托”手枪采用枪管短行程后座与闭锁卡铁摆动式自动原理，枪管由位于枪管下方的垂直摆动式闭锁卡铁进行闭锁。当枪管后方的卡铁移动时，与底把（套筒架座）上卡铁的相互作用，超越了凹式卡铁以内的锁耳，枪管从导槽和在底把上的停止锁耳脱开，套筒保持向后移动和压缩复进簧。复进簧将枪管兼作导杆并且环绕在枪管以外。底把的上半部（套筒架座）与握把的骨架为钢制成型部件，握把表面和扳机护圈为高强度玻璃钢强化的聚酰胺（高分子聚合物），而套筒由钢制成。

装有消声器的 SR1“维克托”手枪

•作战性能

SR1“维克托”手枪可以发射 7N29 手枪穿甲弹、7N28 手枪弹和 7BT3 穿甲曳光手枪弹。如发射手枪穿甲弹，在 50 米距离上可穿透汽车侧板，100 米距离上可击穿 1.4 毫米钛钢板或 30 层“凯夫拉”材料制成的防弹背心。除此之外，该枪的有效射程和火力密集度堪比冲锋枪，且射击精度和侵彻效果甚至高于冲锋枪。另外，枪体表面光滑，可迅速从枪套或口袋中取出。不仅如此，它的优良性能远远超过一般手枪，堪称世界半自动战斗手枪中的上品。

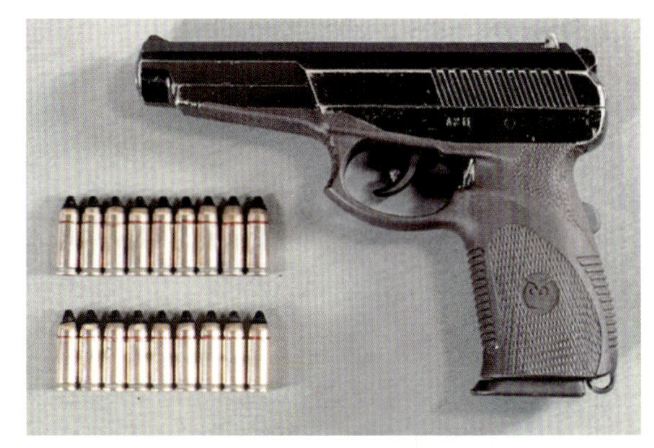

★ SR1“维克托”手枪及子弹

No. 60 苏联 / 俄罗斯马卡洛夫 PM 手枪

基本参数	
口径	9 毫米
全长	161 毫米
空枪重量	730 克
有效射程	50 米
弹容量	8 发

马卡洛夫 PM 手枪上方视角

马卡洛夫 PM 手枪由尼古拉 · 马卡洛夫设计，20 世纪 50 年代初成为苏联军队的制式手枪，1991 年开始逐渐退出，目前仍在俄罗斯和其他许多国家的军队及执法部门中大量使用。

马卡洛夫 PM 手枪及枪套

●研发历史

在 1948 年，苏联军事专家尼古拉 · 马卡洛夫发现手枪在战场的使用率极低，并发现它们的主要用途是给军官或高阶将领自卫之用，其中托卡列夫手枪的火力又过于强大，且体积过大而显得不方便，加上单动式扳机已经过时，因此便根据苏联军方的要求研制一款新的半自动手枪以取代已经落后的纳甘 M1895 左轮手枪及托卡列夫手枪。为此，尼古拉·马卡洛夫以二战时期德国的瓦尔特 PP 手枪作为基础，研制出了一款新型手枪，并命名为马卡洛夫 PM 手枪。

•武器构造

马卡洛夫 PM 手枪采用简单的自由后坐式工作原理，射击时火药燃气的压力通过弹壳底部作用于套筒的弹底窝，使套筒后坐，并利用套筒的重量和复进簧的力量，使套筒后坐的速度降低，在弹头离开枪口后，才开启弹膛，完成抛壳等一系列动作。马卡洛夫 PM 手枪的击发机构为击锤回转式，双动发射机构。保险装置包括不到位保险，外部有手动保险机柄。马卡洛夫 PM 手枪采用固定式片状准星和缺口式照门，在 15 ~ 20 米内有最佳的射击精度和杀伤力。其钢制弹匣可装 8 发 PM 手枪弹，弹匣壁镂空，既减轻了重量也便于观察余弹数，并有空仓挂机能力。

★ 马卡洛夫 PM 手枪及弹匣

•作战性能

马卡洛夫 PM 手枪结构比较简单，具有重量小、体积小、方便携带等优点。由于该枪体积小，重量轻，一般被中级以上军官佩带，所以又被称为“校官手枪”。该枪应用广泛，生产量大，是同时代最好的紧凑型自卫手枪之一。

马卡洛夫 PM 手枪正在进行射击

No. 61 苏联/俄罗斯 PPSh-41 冲锋枪

基本参数	
口径	7.62 毫米
全长	843 毫米
空枪重量	3.63 千克
有效射程	150 ～ 250 米
弹容量	38/71 发

★ PPSh-41 冲锋枪前侧方特写

PPSh-41 冲锋枪是二战期间苏联生产数量最多的武器。在斯大林格勒战役中，它起到了非常重要的作用，因此成为苏军步兵标志性装备之一。

●研发历史

★ PPSh-41 冲锋枪后侧方特写

二战爆发后，德国猛烈的攻击迫使苏联将兵工厂转移到交通不便、条件艰苦的偏远地区。新建的兵工厂面临机械设备陈旧、人员劳动力不足等诸多问题。苏军之前装备的 PPD-40 冲锋枪，其组成结构复杂，制造工艺烦琐，而且成本较高。而此时，苏军面临“非常时期”，无法大量生产 PPD-40 冲锋枪。在此背景下，格奥尔基 · 谢苗诺维奇 · 什帕金采用了“非常方法”，他以 PPD-40 冲锋枪为基础，将其结构简化再简化，最终在 1940 年设计出了一种新型冲锋枪，命名为 PPSh-41 冲锋枪。

•武器构造

PPSh-41 冲锋枪采用自由式枪机原理，开膛待机，带有可进行连发、单发转化的快慢机，发射 7.62×25 毫米托卡列夫手枪弹（苏联标准手枪和冲锋枪使用的弹药）。PPSh-41 冲锋枪具有一个铰链式机匣以便不完全分解和清洁武器，枪管和膛室内侧均进行了镀铬防锈处理，这样的设计赋予了 PPSh-41 惊人的耐用性与可靠性，由于较短的自动机行程，加上较好的精度，三发短点射基本能命中同一点。

★ PPSh-41 冲锋枪及弹匣、弹鼓

•作战性能

PPSh-41 冲锋枪因其低后坐力、高可靠性和近距离的杀伤力受到苏联士兵喜爱，能够以 1000 发 / 分钟的射速射击，射速与当时其他大多数军用冲锋枪相比而言是非常高的。除此之外，该枪还可以承受腐蚀性弹药，能在各种恶劣环境下使用。

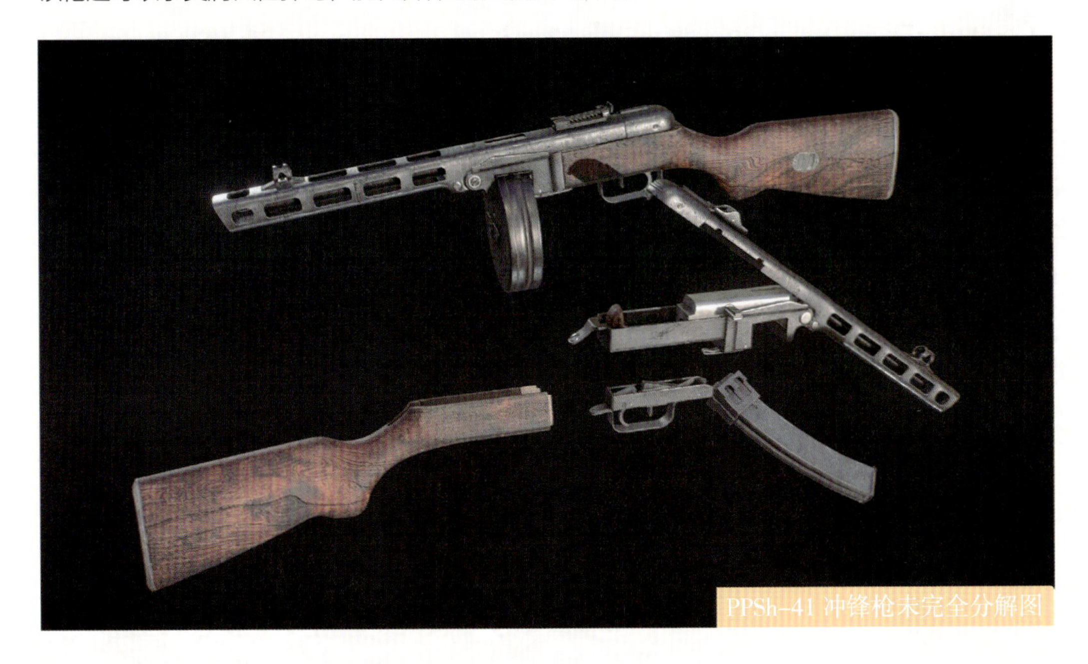

PPSh-41 冲锋枪未完全分解图

No. 62 瑞士 SIG Sauer P220 手枪

基本参数	
口径	9 毫米
全长	198 毫米
空枪重量	800 克
有效射程	50 米
弹容量	9 发

★ P220 手枪侧面特写

P220 手枪是瑞士 SIG 公司为替代 P210 手枪而研制的一种质优价廉的军用手枪，是 SIG Sauer 系列手枪中最早的型号。

•研发历史

20 世纪 60 ~ 70 年代，瑞士军队装备的 P210 手枪价格比较昂贵且产量较低。于是军方就要求 SIG 公司设计一款价格便宜、能量产的新型手枪。但是由于 SIG 公司规模非常小，于是便与德国 Sauer 公司合作共同设计和生产这种新手枪。因为是 SIG 和 Sauer 这两家公司共同完成的，所以最后这款新手枪被命名为 SIG Sauer P220。

★ 黑色涂装的 P220 手枪

武器构造

P220 手枪及弹匣

P220 手枪底把材料为铝合金，表面做哑黑色阳极化抛光处理，铝底把在当时来说是较为少见的设计，可减轻手枪的重量。套筒是由一块 2 毫米厚的钢板冲压成形，再通过电焊把整个枪口部接上，经回火后钻孔，再用机器做深加工。击锤、扳机和弹匣扣均为铸件，而分解旋柄、待击解脱柄和空仓挂机柄均为冲压钢件，枪管是用优质钢材冷锻生产。握把侧片的材质是塑料，复进簧则是缠绕钢丝制成，枪机体用一根钢销固定在套筒尾部。另外，该枪还有空仓挂机柄，当弹匣内的枪弹打完之后，托弹板就顶起底把左侧的空仓挂机卡笋，使之卡入套筒的缺口，将套筒阻于后方位置。插入实弹匣后，用手压下空仓挂机，或将套筒稍向后拉并放回，都能使套筒复进成待发状态。

作战性能

虽然 P220 手枪是 P210 手枪的改进，但它比 P210 性能更完善，更安全可靠，而且价格也更便宜。SIG 公司以 P220 为基础开发出的一系列手枪凭着性能优良、操作可靠，在军用、警用和民间市场都很受欢迎。由于 P220 的保险机构非常可靠，因此干脆取消手动保险装置，只使用一个待击解脱柄，这种设计虽然不是 SIG 公司的首创，但在 P220 之前却是极少有的。

展览中的 P220 手枪

No. 63 瑞士 SIG Sauer P229 手枪

基本参数	
口径	9 毫米
全长	180 毫米
空枪重量	905 克
有效射程	50 米
弹容量	15 发

★ P229 手枪侧面特写

P229 手枪是由西格－绍尔公司（SIG 公司）研制及生产的紧凑型军用半自动手枪，是 P226 手枪的紧凑型版本，发射 9×19 毫米手枪子弹。

●研发历史

1990 年，SIG 公司为了能加入大口径弹药市场，改进了 P228 手枪，推出了一款新型手枪 P229。但是该枪使用 10.16 毫米口径弹药后，筒套破裂甚至爆炸，出现伤人事故。经过 SIG 公司工程师的研究发现，并不是筒套的材料问题，而是制作工艺。P229 筒套采用冲压加工，此种工艺成型的材料无法承受膛内压力，因而发生破裂。要解决这个问题，就

★ 加装战术组件的 P229 手枪

只有使用机削加工来制造套筒。因为美国拥有较好的机削加工技术，且大口径手枪在美国拥有大量市场，所以 P229 筒套由美国生产。在后来的 P229 筒套上可以看到“made in USA”，而枪架上刻着“made in Germany”字样。

★ P229 手枪 3D 图

•武器构造

P229 手枪在保险装置设计上与左轮手枪有些相似，其扳机有前后两个位置，在安全状态下，使用者可通过放重锤按钮使滑膛后的重锤放下，同时带动扳机前移。另外，枪身内部的保险杆深入撞针槽，挡住撞针前后移动，使其不能与上膛子弹底火发生接触，即使枪掉在地上也不容易走火。

•作战性能

P229 手枪有两个非常突出的优点。其一，结构紧凑，解脱杆安装在套筒座上，精巧的布局使其操作简单。其二，精度好，它在与世界名枪 M4006 手枪对比射击中，命中率要优于 M4006。该枪的性能稳定，其被当作 SIG 公司经典枪型 P226 手枪的便携版，因其不锈钢筒套比枪身重，射击时吸收一部分后坐力，所以连发时射击精准度较高。

P229 手枪及枪弹

No. 64 瑞士 SIG Sauer SP2022 手枪

基本参数	
口径	9 毫米
全长	187 毫米
空枪重量	715 克
有效射程	50 米
弹容量	15 发

SP2022 手枪上方视角

SP2022 手枪是 1991 年以 SP2340/SP2009 手枪改进而来，是瑞士 SIG 公司 SP 系列手枪的最新型。

•研发历史

SP2022 手枪是 1991 年以 SP2340/SP2009 手枪改进而来的。弹容量多达 15 发且配用 9 毫米口径弹药，正是 SP2022 的魅力所在。手枪只要选择重弹头枪弹，在近战防卫方面就会有一些困难，而该枪把这个方面做得非常完美，成为最令人信服的手枪。SP 系列手枪的标准型是小型手枪，因此 SP2022 的携带性能非常出色。

★ SP2022 手枪前侧方特写

1985 年以后，配用聚合物套筒座的奥地利格洛克手枪几乎占领许多国家的军警手枪市场，从而促使许多公司研发聚合物套筒座手枪。1999 年，SIG 公司轻武器分部推出了聚合物套筒座手枪 SP2340/SP2009。2002 年，为了参加法国政府执法机构（警察与国家宪兵队）手枪选型试验，SIG 公司推出了 SP2022 手枪，同 SIG 公司一起竞争的还有伯莱塔、HK、FN、格洛克、鲁格、瓦尔特、史密斯 · 韦森等多个大小型兵工企业。经过众多企业的“明争暗斗”，最终选定的试验手枪为 SIG 公司的 SP2022 手枪和 HK 公司的 HK P2000 手枪。SP2022 手枪的性能和价格比 HK 公司的两款手枪略胜一筹，因而赢得了此次的竞争。

•武器构造

SP2022 手枪继承了 P220 系列手枪的工作原理及基本结构，并在设计上有所创新和改进，从而使该枪具有结构紧凑、牢固、安全性良好和操作简便等特点。该枪配用 15 发容弹量的直弹匣，射手可以根据弹匣侧面 13 个数字观察剩余弹数，其排列与格洛克手枪弹匣类似。弹匣底座有长底座与短底座两种，后者与 P229 手枪的弹匣相似，适宜隐蔽携枪时配用。

★ SP2022 手枪及弹匣

•作战性能

SP2022 手枪曾在美国拉斯维加斯郊外的私人军事服务公司（PMC）靶场进行射击试验，使用该靶场的铁板靶。发射时套筒动作轻快而平稳，容易控制。由于握把设计良好，即使一口气打完弹匣内 15 发子弹，依然感觉很舒适。

★ SP2022 手枪及组件

No. 65 比利时 FN M1900 手枪

基本参数	
口径	7.62 毫米
全长	172 毫米
空枪重量	625 克
有效射程	50 米
弹容量	7 发

★ M1900 手枪上方视角

M1900 是著名枪械设计师约翰·勃朗宁于 1896 年设计的单动式半自动手枪，由比利时 FN 公司生产，是历史上第一款有套筒设计的手枪。

•研发历史

勃朗宁于 1898 年首次向 FN 公司提交 M1900 手枪的设计方案。次年，FN 公司便把此枪定名为“M1899”并投入生产。1900 年，此枪更推出了一款较短枪管的改良型。生产一直持续了 11 年。勃朗宁先进的手枪设计思想影响了现代自动手枪设计 100 年，而且其影响还将继续。他为这支手枪设计了一

M1900 手枪正面特写

个独特的旗标，其图案直接采用了这支手枪的左侧外观图形，并且铭刻在手枪左侧枪管座外平面上（后来也有的 M1900 7.65 毫米自动手枪在握把护板上采用此旗标），并为这支手枪赋予了一个史无先例、后无沿袭、堪称世界枪械史上绝无仅有的牌号美称——“枪牌”。

•武器构造

M1900 手枪由枪管、套筒、握把和弹匣组成，在结构布局上采用了复进簧上置而枪管下置。这种布局的最大优点是，使枪管轴线降低到与射手的持枪手虎口同高，射击时，后坐力几乎均匀地作用在持枪手虎口上。该手枪的枪机重量相对较大，与套筒的共同作用基本消除了射击时枪口上跳，使基础精准度进一步加大。除此之外，该枪的手动保险也设在套筒座左侧靠后的地方，当右手握枪时，拇指能够非常方便而平滑地拨动保险。当保险处于下方位置时，其上方露出“FEU”字样，表示解除保险，此时可以拉动套筒，推弹上膛并扣动扳机发射；当保险被拨向上方位置时，其下方露出“SUF”字样，表示手枪处于保险状态，此时不能拉动套筒，也扣不动扳机。

M1900 手枪及枪套

•作战性能

从外观上看，M1900 手枪最大的特点是外形扁薄平整、坚实紧凑、简洁明快、大小适中；而在结构性能方面，M1900 结构简单、动作可靠、保险确实，尤其是在战斗使用方便与安全可靠性方面的考虑甚为周到。

M1900 手枪及弹匣

No. 66 比利时 FN 57 手枪

基本参数	
口径	5.7 毫米
全长	208 毫米
空枪重量	610 克
有效射程	50 米
弹容量	10/20/30 发

★ FN 57 手枪正面特写

FN 57 手枪是比利时 FN 公司为了推广 SS190 弹而研制的半自动手枪，主要用于特种部队和执法部门。

•研发历史

FN 57 手枪是配合 P90 冲锋枪而研发的。其名称来自其使用的子弹直径 5.7 毫米，同时第一个及最后一个字母以大写强调是 FN 公司的产品。因为 P90 所用的子弹是全新研制的，不能用于现有的手枪，为使有手枪可以与 P90 同用同一款子弹，所以需要有

FN 57 手枪侧面特写

FN 57 与之配合，使整个武器系统完整。为了使全新的子弹能放进手枪内，1993 年，FN 公司把 SS90 子弹的弹头改短了 2.7 毫米，并由塑料弹头改用较重的铝或钢制弹头。此新子弹称为 SS190，可同时适用于原有的 P90 及新研发的 FN 57，但只销售给军方及执法部门。

直到 2004 年，FN 公司推出 FN 57 IOM 版给民用市场，IOM 版加装了 M1913 导轨、弹匣保险装置、可任意调整的准星等。FN 公司同年也推出了 USG 版本以取代 IOM 版本。USG 版本有其他进一步的小改良，被美国烟酒枪炮及爆裂物管理局（ATF）认证为运动枪械。

•武器构造

FN 57 手枪是一种半自动手枪，采用枪机延迟式后坐、非刚性闭锁、回转式击锤击发等设计。扣动扳机时，首先装载击针簧，然后释放击针。除非扣动扳机，否则击针不会受到任何压力，因此该枪没有保险装置。它使用比普通手枪更长的枪弹，但握把设计很适合。

★ FN 57 手枪及弹匣

•作战性能

SS190 弹弹壳直径小、重量轻，因此 20 发实弹匣的重量也只相当于 9 毫米手枪 10 发弹匣的重量。由于枪管较短，FN 57 手枪发射 SS190 弹的初速比 P90 冲锋枪发射时要低，但仍高达 716 米 / 秒，有极好的穿透力，在有效射程内能击穿标准的防弹衣。

FN 57 手枪及弹药

No. 67 比利时 FN M1935 手枪

基本参数	
口径	9 毫米
全长	197 毫米
空枪重量	900 克
有效射程	50 米
弹容量	10 发

M1935 手枪前侧方特写

比利时 FN 公司的 M1935 手枪是世界上最著名的手枪之一，由于最初在 1935 年推出，因此也被称为勃朗宁 HP35 手枪或勃朗宁“大威力”手枪。

黑色涂装的 M1935 手枪

●研发历史

20 世纪初，法国陆军要求 FN 公司设计一款手枪。为了确保 FN 公司在兵器行业上的地位，约翰 · 勃朗宁打算设计一种能够发 9×19 毫米枪弹的大威力自动手枪。随后他在美国一个工作室里开始了新枪的设计，短短几十天的时间，便设计出了两种型号的手枪，其中后设计出来的那一种就是 M1935 的原型。由于首次采用了弹容量高达 15 发的双排弹匣，FN 公司对这支枪表现出了浓厚的兴趣。几经修改后，该枪于 1929 年定型，并命名为 M1935。次年，比利时军队成为其第一个正式用户。

带有雕花的 M1935 手枪

•武器构造

M1935 手枪采用枪管短后坐式工作原理，枪管偏移式闭锁机构，回转式击锤击发方式，带有空仓挂机和手动保险机构。全枪结构简单、坚固耐用。此外，M1935 手枪采用与 M1911 手枪相同的轴式抽壳钩，它与击针一起被击针限制板限制并固定在套筒上。阻铁杠杆轴的形状比较复杂，由带有一粗一细两个突轴的腰形板组成，细轴用于与阻铁杠杆配合，使后者能够可靠地旋转，粗轴上带有一个缺口，刚好卡在抽壳钩上并被抽壳钩限制住，使得阻铁杠杆轴不会从套筒上脱落。

•作战性能

M1935 手枪是世界上第一种采用大容量可拆卸式双排弹匣的军用型手枪，其新设计的可拆卸式双排弹匣结构上为子弹双排左右交错排列，能够发射当时欧洲威力最强大的 9×19 毫米手枪子弹，容量增加为柯尔特 M1911 手枪的近一倍，作为一把军用型手枪而言是相当理想的。

M1935 手枪及弹匣

No. 68 以色列“沙漠之鹰”手枪

基本参数	
口径	12.7 毫米
全长	267 毫米
空枪重量	1360 克
有效射程	200 米
弹容量	9 发

★“沙漠之鹰”手枪前侧方特写

“沙漠之鹰”是以色列军事工业公司生产的一种大口径半自动手枪，除了美国和以色列之外，波兰陆军机动反应作战部队和葡萄牙特别行动小组等单位均采用了“沙漠之鹰”手枪。

★ 展览中的“沙漠之鹰”手枪

•研发历史

美国马格南研究所刚成立时，就计划设计一种能够发射 9 毫米口径马格南子弹的手枪，并将该计划命名为“马格南之鹰”，这种手枪的主要用途是打猎和射靶。经过一段时间的研发之后，该公司成功推出“沙漠之鹰”手枪的原型枪，并于 1983 年获得了该枪的设计专利。

后来，马格南研究所与以色列军事工业公司合作对该枪进行改进，经过改进后于 1985 年取得了“沙漠之鹰”的设计专利。但是，该枪因美国枪支管理措施的限制，将制造流程改为以色列军事工业公司制造零件，由马格南研究所进行组装和加工。

•武器构造

“沙漠之鹰”手枪的闭锁式枪机与 M16 突击步枪系列的步枪十分相似，气动的优点在于它能够使用比传统手枪威力更大的子弹，这使得“沙漠之鹰”手枪能和使用马格努姆子弹的左轮手枪竞争。枪管采用固定式固定于枪管座上，在近枪口处和膛室下方跟枪身连接。由于枪管在射击时并不会移动，理论上有助于提高射击的准确度。因枪管为固定式，并在顶部有瞄准镜安装导轨，使用者可自行加装瞄准设备。套筒两侧均有保险机柄，枪支可左右手操作。

“沙漠之鹰”手枪及子弹

•作战性能

“沙漠之鹰”手枪的体积和重量很大，威力极强，拥有极高的知名度，是世界著名的大口径、大威力手枪。“沙漠之鹰”手枪彪悍的外形，以及不是任何人都能控制的发射力量，都是任何小巧玲珑的战斗手枪所不能替代的。又因其贯穿力强，甚至能穿透轻质隔墙，因此“沙漠之鹰”手枪目前仅少量地用于竞技、狩猎、自卫。

★ 装有瞄准镜的“沙漠之鹰”手枪

No. 69 以色列乌兹冲锋枪

基本参数	
口径	9 毫米
全长	650 毫米
空枪重量	3.5 千克
有效射程	120 米
弹容量	20/32/40/50 发

★ 乌兹冲锋枪前侧方特写

乌兹冲锋枪是以色列军事工业公司生产的一种轻型冲锋枪。该枪简单结构，易于生产，现已被世界上许多国家的军队、特种部队、警队和执法机构采用。

●研发历史

乌兹冲锋枪由以色列国防军上尉乌兹·盖尔（Uziel Gal）于 1948 年设计，1951 年生产，1956 开始量产。当时乌兹冲锋枪是军官、车组成员及炮兵部队的自卫武器，也是精英部队的前线武器。六日

★ 装有消声器的乌兹冲锋枪

战争时的以色列士兵认为乌兹冲锋枪的紧凑外形及火力十分适合于战场，因此对该枪爱不释手。

★ 乌兹冲锋枪及弹匣

•武器构造

乌兹冲锋枪采用开放式枪机，后坐作用设计，机匣采用低成本的金属冲压方式生产，以减小生产成本及所需的金属原料，亦缩短了生产所需的时间，而且更容易进行维护及维修。但该枪对沙尘的容忍性较低，当击锤释放时，退壳口会同时关上以防止沙尘进入机匣，造成故障。此外，该枪有木托和折叠托两种型号，木托为早期产品，折叠托为标准型。

•作战性能

乌兹冲锋枪最突出的特点是和手枪类似的握把内藏弹匣设计，能使射手在与敌人近战交火时迅速更换弹匣（即使是黑暗环境），保持持续火力。目前乌兹冲锋枪在世界上被广泛使用。轻便、操作简单以及低成本令乌兹冲锋枪成为一种十分有效的近战武器，尤其是用于清除室内、碉堡及战壕里的有生目标。

士兵手持乌兹冲锋枪进行救援训练

No. 70 奥地利格洛克 17 手枪

基本参数	
口径	9 毫米
全长	202 毫米
空枪重量	625 克
有效射程	50 米
弹容量	10/17/19/21/27/31/33 发

黑色涂装的格洛克 17 手枪

★ 格洛克 17 手枪及弹匣

格洛克 17 是奥地利格洛克公司研制的第一种手枪，于 1983 年成为奥地利军队的制式手枪，并被世界上数十个国家的军队和执法机构所采用。

•研发历史

格洛克 17 手枪是应奥地利陆军的要求而研制的，用以取代瓦尔特 P38 手枪。1983 年成为奥地利陆军的制式手枪，被命名为 P80。格洛克 17 手枪经历过 4 次不同程度的修改，第四代格洛克 17 手枪的套筒上有

Gen4 字样。2010 年新推出的格洛克 17 手枪大大增强了人机功效，并采用双复进簧设计，以降低后坐力和提高枪支寿命。

•武器构造

格洛克 17 手枪采用枪管短行程后坐式原理，使用 9×19 毫米格鲁弹，弹匣有多种型号，弹容量从 10 发到 33 发不等。该枪大量采用了复合材料制造，空枪重量仅为 625 克，人机功效非常出色。该枪的安全性极高，有三个可靠的安全装置。为了适应双复进簧式设计，套筒下的聚合物枪身前端部分较前一代格洛克 17 略为加宽。此外，该枪也有经改进的弹匣设计，以便左右手皆可以直接按下加大化的弹匣卡笋以更换弹匣。当然，该枪还能与旧式弹匣共用，但只可以右手按下弹匣卡笋以更换弹匣。

★ 格洛克 17 手枪及组件

•作战性能

格洛克 17 手枪及其衍生型都以其可靠性著称，因为坚固耐用的制造和简单化的设计，它们能在一些极端的环境下正常运作，并且能使用相当多种类的子弹，更可改装成冲锋枪。由于该枪的零件不多，因此维修十分方便，也因为发射的舒适性而增加人气，而且枪管相对较靠近握把，所以不需太大握力，也能减小后坐力。

士兵正在使用格洛克 17 手枪进行训练

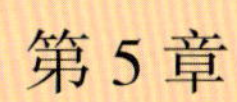

第 5 章

反人员武器

反人员武器是一种用于增援和加大己方火力的武器，不仅威力大，而且杀伤力强。作为步兵作战中重要的辅助武器之一，该武器的发展日新月异且种类繁多，其中包括榴弹发射器、地雷、手榴弹和迫击炮等。

No. 71 美国 Mk 47 榴弹发射器

基本参数	
口径	40 毫米
重量	18 千克
全长	940 毫米
枪管长	610 毫米
全高	205 毫米

Mk 47 榴弹发射器也被称为“打击者 40”（Striker 40），于 21 世纪初研制。该武器是一款具有综合火控系统，并能发射 40 毫米口径自动榴弹的发射器。

●研发历史

2006 年 7 月，通用动力公司获得价值 2300 万美元的 Mk 47 Mod 0 榴弹发射器生产合约，其生产工作由通用动力公司在缅因州索科市的工厂完成。在此期间，通用动力公司与雷神公司就研制 Mk 47 榴弹发射器的轻量化视像瞄准设备展开了合作。同年，美国

Mk 47 榴弹发射器前侧方特写

特种作战司令部少量采用 Mk 47 榴弹发射器，这批武器被命名为“先进轻型自动榴弹发射器”（Advanced Lightweight Grenade Launcher，ALGL），并在阿富汗和伊拉克投入实战使用。2009 年 2 月，通用动力公司再度获得价值 1200 万美元的 Mk 47 榴弹发射器生产合约。

•武器构造

Mk 47 榴弹发射器的外形与机枪十分相似，同样具有开放式枪机、方形机匣、弹链供弹，且使用活动枪机完成进弹、退壳和抛壳。不同点是 Mk 47 榴弹发射器的枪管更短，采用了反冲原理。除此之外，Mk 47 榴弹发射器还采用了先进的检测、瞄准以及电脑程序技术。

★ 士兵正在使用 Mk 47 榴弹发射器

•作战性能

Mk 47 榴弹发射器对于现代步兵在攻击、防卫或者巡逻等情况下都十分实用，能够对敌方步兵突然袭击做出快速反应。不仅如此，该武器除了能够发射所有北约标准的高速 40 毫米榴弹外，还可发射能够在设定距离进行空爆的 MK285 智能子弹。而且在有效距离内，Mk 47 榴弹发射器的精准度与迫击炮不相上下，且弹速更快，甚至能够连发攻击不同距离的目标，因此有利于对付移动的目标。

美军为 Mk 47 榴弹发射器进行实弹射击测试

No. 72 美国 M203 榴弹发射器

基本参数	
口径	40 毫米
重量	1.36 千克
全长	380 毫米
枪管长	305 毫米
枪口初速	76 米 / 秒

M203 榴弹发射器是美国研制的单发下挂式榴弹发射器，主要装备 M16 突击步枪及 M4 卡宾枪，在美国有多种衍生型。

装有 M203 榴弹发射器的 M16A2 步枪

●研发历史

1967 年 7 月，美国陆军武器研究部门宣布了一项名为“榴弹发射器附件研究”（GLAD）的计划，计划中明确要求发展一种可以代替 XM148 的榴弹发射器。经过对比试验后，美国陆军于 1968 年 11 月决定试用 AAI 公司的榴弹发射器，并命名为 XM203。经过少量改进后，XM203 在 1970 年 8 月被重新命名为 M203。

★ 士兵使用 MP5 冲锋枪和 M203 榴弹发射器

•武器构造

M203 榴弹发射器的机匣包括与步枪的接合器、立式标尺和象限测距瞄准具，能安装在 MIL-STD 1913 导轨或下挂在 M16 步枪上。另外，装填弹药时，先按下枪管锁钮让枪管前进，便可从枪管后方装填弹药，一旦让枪管回复原位，撞针便会进入待发模式，随后瞄准并扣下扳机，便可发射榴弹。

•作战性能

M203 榴弹发射器能够安装在 M16 步枪或 M4 卡宾枪的下方，因此为士兵提供了一种榴弹功能，可以弥补手榴弹和迫击炮之间的距离。除此之外，M203 榴弹发射器还能发射高爆弹、烟幕弹、人员杀伤弹、鹿弹、气体弹、照明弹和训练弹，在发射 40×46 毫米榴弹时，有效射程为 150 米，最大射程为 400 米。

★ 装有 M203 榴弹发射器的 M4 卡宾枪

No. 73 美国 M320 榴弹发射器

基本参数	
口径	40 毫米
重量	1.27 千克
全长	285 毫米
枪管长	215 毫米
枪口初速	76 米 / 秒

M320 榴弹发射器正式名称为 M320 榴弹发射器模组，是德国 HK 公司为美军研制的单发 40 毫米榴弹发射器，用以替换 M203 榴弹发射器。

美军士兵使用装上 M320 榴弹发射器的 XM8 突击步枪

●研发历史

21 世纪初期，美国陆军要求以新的 40 毫米单发榴弹发射器替换日渐老旧的 M203 榴弹发射器，因此许多公司参与了竞标。2006 年，成功中标的 HK 公司提供其设计的 XM320 榴弹发射器给美军试验，完成试验后改称 M320 榴弹发射器。该榴弹发射器于

2008 年开始批量生产，2009 年开始服役。

•武器构造

★ 装上 M320 榴弹发射器的 M4 卡宾枪

M320 榴弹发射器的瞄准标尺在护木侧边（可选择装在左侧或右侧），安装时不需重新校正，可加快步枪安装榴弹发射器的时间，也能在步枪损坏时拆下作紧急射击。除此之外，M320 榴弹发射器与 M203 榴弹发射器的运作原理有些类似。与 M203 榴弹发射器一样，M320 榴弹发射器可安装在 M16 突击步枪、M4 卡宾枪上，位于枪管底下、弹匣前方。然而，M320 榴弹发射器拥有整体式握把，不需要以弹匣充当握把。

•作战性能

M320 榴弹发射器的弹膛向左打开，能够发射 M203 榴弹发射器的所有弹药，如高爆弹、人员杀伤弹、烟幕弹、照明弹及训练弹，甚至新型的长型弹药及非致命弹药。不仅如此，M320 榴弹发射器拥有双动扳机及两边可操作的安全装置，其机能比 M203 榴弹发射器更为灵活。

手持 M320 榴弹发射器的士兵

No. 74 美国 M2 迫击炮

基本参数	
口径	60 毫米
重量	19.05 千克
枪管长	726 毫米
初速	158 米 / 秒
有效射程	1815 米

M2 迫击炮是二战时美军广泛使用的步兵排级支援武器，火力介于 82 毫米迫击炮与手榴弹之间。

•研发历史

20 世纪 20 年代末，美国开始进行迫击炮规格审查，主要目的为进行新型步兵轻型支援武器测试。在经过各种迫击炮的测试以后，决定购买法国兵器工程师埃德加 · 布兰特设计的轻型迫击炮。经过漫长的测试工作后，新型迫击炮于 1940 年 1 月交付美军服役，由于这是美国陆军采用的

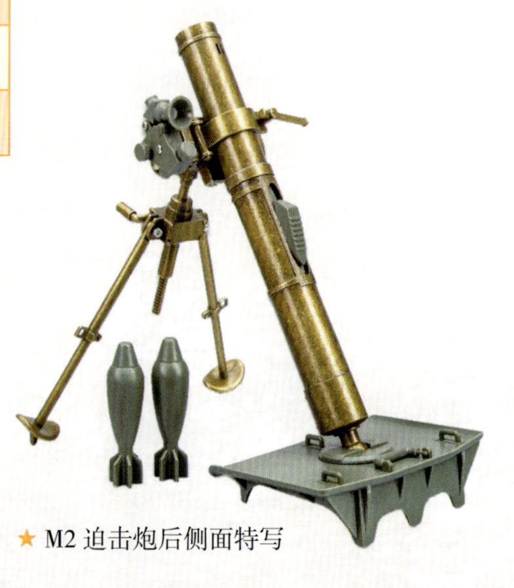

★ M2 迫击炮后侧面特写

第二种迫击炮，因此正式代号为 M2 迫击炮。在二战中，M2 迫击炮被美国陆军步兵大量采用。二战后，美国陆军开始换装 M19 迫击炮，不过 M19 迫击炮的弹着精度被认为不如 M2 迫击炮，因此 M2 迫击炮一直留用到 20 世纪 80 年代，之后才被 M224 迫击炮取代。

•武器构造

M2 迫击炮由炮身、炮架、座板、瞄具组成，炮架为两脚架，另外，座板为方形，采用滑膛、炮口装填、撞击发射的设计。

外展中的 M2 迫击炮

•作战性能

M2 迫击炮主要使用下列几种弹药：M49A2 高爆弹，对付步兵以及轻型目标用；M302 白磷弹，可作为信号弹、烟幕弹、人员杀伤用；M83 照明弹，夜间照明用。二战中，美军标准编制一个步兵团下辖 27 门 M2 迫击炮，使用单位除了团直属迫击炮连外，各步兵排也有直属迫击炮班，配发 3 门 M2 迫击炮提供火力支援。

★ 射击中的 M2 迫击炮

No. 75 美国 M224 迫击炮

基本参数	
口径	60 毫米
重量	21.1 千克
枪管长	1000 毫米
初速	213 米 / 秒
有效射程	3490 米

M224 迫击炮是美国于 20 世纪 70 年代研制的 60 毫米前装式迫击炮，主要用于为地面部队提供近距离的炮火支援。

•研发历史

M224 迫击炮于 1971 年开始研制，设计目标是替换二战中所使用的 M2、M19 等老旧型号。1972 年 4 月完成工程试验，1977 年 7 月定型并正式命名为 M224 迫击炮。1978 年开始生产，1979 年装备美军步兵连、空中突击连和空降步兵连。为了提高使用灵活性，美国陆军在设计生产 M224 迫击炮的同时，还设计了单兵手提型，采用 M8 式矩形座板，没有双脚架，全重仅为 7.8 千克，最大射程为 1 千米。

美军 M224 迫击炮小队

•武器构造

M224 迫击炮由四部分组成，包括炮身、炮架、座板、瞄具。炮身由高强度合金钢制造，外刻螺纹状散热圈，并配备激光测距仪和迫击炮计算器。整个 M224 系统能够分解为 M225 型炮身、M170 型炮架、M7 型座板以及 M64A1 型光学瞄准系统。这个迫击炮系统可以在支座或单手持握两种状态下使用，握把上还附有扳机，当发射角度太小，依靠炮弹自身重量无法触发引信时就可以使用扳机来发射炮弹。在外观上，M224 迫击炮最明显的识别特征为：身管后半部有散热螺纹，前半部光滑；采用两脚架，中心连杆通过较长的横托架与炮身相连。

★ 美军士兵正在为 M224 迫击炮装弹

★ 发射中的 M224 迫击炮

•作战性能

M224 迫击炮机动灵活，重量轻，可分解成两部分，由人员携带，特别适合于山地作战。除此之外，该炮还自备照明装置，可用于夜间作战。M224 迫击炮可以使用如下型号的炮弹：M888、M720 或 M720A1 高爆榴弹，用于杀伤人员和轻型车辆；M722 烟幕弹，用于制造烟雾或是进行战场标记；M50A2/A3 训练弹，训练射手时用，射程很近；M769 全射程练习弹，提供和正常弹药一样的射程。另外，M224 迫击炮还可以发射照明弹或是红外线照明弹，在夜间作战时为部队提供光源。

No. 76 美国 M67 手榴弹

基本参数	
口径	64 毫米
重量	400 克
全弹长	90 毫米
服役时间	1968 年至今
引爆方式	4 秒延迟信管

M67 手榴弹是美陆军标准手榴弹之一，用于防御作战时杀伤有生目标。因其外观酷似苹果的形状，又被称为“苹果”手榴弹。

• 研发历史

Mk2 是美军二战、越南战争期间常用的手榴弹，通常采用 TNT 作爆炸填充物，部分型号改用 EC 无烟火药。进入 21 世纪后，这种手榴弹的弊端开始显现出来，主要包括体积略大、杀伤力不足等缺点。为了能取代它，美军开始寻找更新型的手榴弹。不久之后，美国一家小型军械公司按照美军要求设计出了一款手榴弹，并正式命名为 M67 手榴弹。

★ M67 手榴弹 3D 模型

•武器构造

M67 手榴弹由弹体和引信组成。球形弹体用钢材制成，内装 B 炸药。引信为 M213 式延迟信管。引信保险机构上增加一保险夹，能够防止保险销被意外拉出，从而避免事故的发生。保险夹呈 S 形，用弹簧钢丝制成，一端套在引信体上，另一端夹住保险杆。使用时，卸掉保险夹后才能拔出保险销，球形弹体是爆炸型弹最理想的弹体形状，弹体爆炸后破片分布均匀。

★ 装有保护套的 M67 手榴弹

•作战性能

M67 手榴弹是一种碎片式手榴弹，主要使用于美国与加拿大军队，加拿大的编号是“C13”。除此之外，M67 装有 4 秒的延迟信管，能够轻易地投掷到 40 米以外。不仅如此，爆炸后由手榴弹外壳碎裂产生的弹片可以形成半径 15 米的有效范围，半径 5 米的致死范围。

★ M67 手榴弹投掷瞬间

No. 77 美国 M18A1 阔刀地雷

基本参数	
口径	6.4 毫米
全长	216 毫米
全高	124 毫米
全宽	38 毫米
重量	1.6 千克

M18A1 阔刀地雷是美军于 20 世纪 60 年代研发生产的定向人员杀伤地雷，也称反步兵地雷。目前除美军外，还有数十个国家在使用，其中包括澳大利亚、柬埔寨和英国等。

●研发历史

M18 地雷是美军 20 世纪 50 年代主要的反步兵地雷，在战场上大显神威，但是该地雷也有不足之处，例如重量略重、不便于携带、防水性较差，以及在步兵填埋时路径不够精准等。之后，美军在该地雷的基础上，推出了改进版本，并重新命名为 M18A1。

★ 外展中的 M18A1 阔刀地雷

•武器构造

M18A1 阔刀地雷不论在外形或结构上都与第一代的 M18 地雷有些相似，唯一不同之处是美军在 M18A1 外壳顶上加上了一个简易的瞄准具。另外，在外观上，弧形和凸面的方形外壳角架都是 M18A1 的独特之处。

★ M18A1 阔刀地雷及发射装置

•作战性能

M18A1 阔刀地雷较轻，所以不仅能埋设在路面上，还可挂设在树干或木桩上制成诡雷，其主要目的是使敌方在战场上受伤而不能行动，由此成为敌方的累赘。除此之外，M18A1 还具有极佳的防水性，浸泡于盐水或淡水 2 小时之后依旧能正常使用。另外，M18A1 内有预制的破片沟痕，因此爆炸时可使破片向一定方向飞出，再加上其内藏的钢珠，可以造成极大的伤害。

★ 士兵正在设置 M18A1 阔刀地雷

No. 78 俄罗斯 GM-94 榴弹发射器

基本参数	
口径	43 毫米
重量	4.8 千克
全长	810 毫米
有效射程	300 米
枪口初速	85 米 / 秒

GM-94 榴弹发射器是俄罗斯设计生产的一种泵动式操作的榴弹发射器，目前正被俄罗斯联邦安全局和俄罗斯内务部的特种部队使用，并已出口到利比亚等国家。

•研发历史

20 世纪 90 年代，由于 VOG-25 和 VOG-25P 这两种榴弹都不能在城市战中提供足够的破坏效果，俄罗斯军队开始考虑换装新的榴弹发射器，并提出了以下要求：暴露的外部特征要少；能够在封闭空间内有效射击；机动性强；射速高；射击精度和密集度好。根据以上要求，图拉仪器设计局根据“猞猁”霰弹枪的特点设计的 GM-94 榴弹发射器脱颖而出。

展览中的 GM-94 榴弹发射器

武器构造

GM-94 榴弹发射器采用击针自动扳起式击发机构，只有手指扣动扳机时，击针簧才处于待击状态，这样就保证了武器在膛内有弹的情况下依旧能够安全携带。另外，由于该榴弹发射器采用的是泵动式设计，因此使用者通过向前推动发射管就能重新完成装填。

GM-94 榴弹发射器侧面特写

作战性能

GM-94 榴弹发射器设计的主要目的是为了满足俄罗斯特种部队的战斗需求，它的作战目标是为了让射手在城市战之中能够发射高爆榴弹或非致命性榴弹。另外，GM-94 榴弹发射器的设计和操作方式都非常简单，它的肩托折叠起来还可作为携行时的提把，十分方便耐用。

★ 手持 GM-94 榴弹发射器的士兵

No. 79 苏联 / 俄罗斯 AGS-30 榴弹发射器

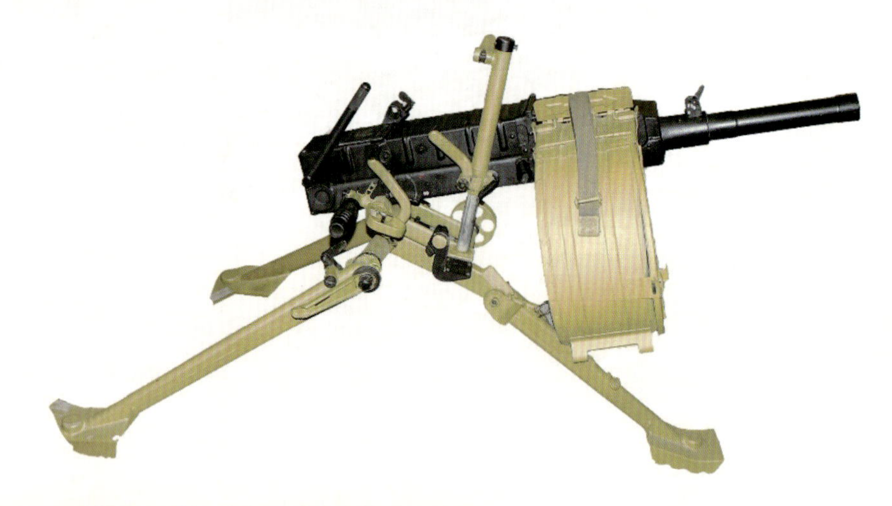

基本参数	
口径	30 毫米
重量	16 千克
全长	1165 毫米
枪管长	290 毫米
枪口初速	185 米 / 秒

AGS-30 榴弹发射器由 AGS-17 榴弹发射器改进而成，是苏联设计的 30 毫米自动榴弹发射器，可以发射 30×29 毫米无弹壳榴弹。

★ 展览中的 AGS-30 榴弹发射器

●研发历史

AGS-30 榴弹发射器和 AGS-17 榴弹发射器一样是班用步兵支援武器，可以安装在三脚架上或装甲战斗车辆上。AGS-30 榴弹发射器同样由图拉仪器设计局设计，研制工作始于 20 世纪 90 年代初，但直到 1999 年才开始批量生产。除俄罗斯外，亚美尼亚、阿塞拜疆、孟加拉国、印度和巴基斯坦等国均有采用。

•武器构造

AGS-30 榴弹发射器基本上是在 AGS-17 榴弹发射器的基础上改进的，都是后坐式枪机，有单发或连发两种选择。不同之处在于，AGS-30 榴弹发射器的扳机位于右侧握把上，而握把是安装在三脚架的摇架上，并非发射器上。

AGS-30 榴弹发射器侧面特写

•作战性能

AGS-30 榴弹发射器不仅可以安装在三脚架上，还能安装在装甲战斗车辆载具上。在重量方面，AGS-30 榴弹发射器比 AGS-17 榴弹发射器更为轻便，因此大大提高其流动性和便携性。另外，AGS-30 榴弹发射器只需一人就可操控，也能一人携带。

★ 装甲车上的 AGS-30 榴弹发射器

No. 80 德国 HK GMG 榴弹发射器

基本参数	
口径	40 毫米
重量	28.8 千克
全长	1090 毫米
枪管长	415 毫米
枪口初速	241 米 / 秒

HK GMG 榴弹发射器是德国HK公司为德国国防军设计生产的40毫米自动榴弹发射器，发射 40×53 毫米榴弹。

★ 展览中的 HK GMG 榴弹发射器

•研发历史

1992 年，HK 公司开始研制新的全自动型榴弹发射器。1995 年，HK 公司生产了 4 具 HK GMG 榴弹发射器的试验型，当年 3 月交付德国国防军在德国北部的梅彭试验场进行测试。之后开始实用性试验，其中实弹射击在哈默贝尔格进行。1997 年 7 月，HK GMG 榴弹发射器在美国亚利桑那州的沙漠地区试验场进行热带与沙漠地带可靠性试验，以争取美军的订购合同。2000 年，德国国防军正式选定改进后的 HK GMG 榴弹发射器作为制式武器。

•武器构造

HK GMG 榴弹发射器的机匣采用轻便的铝合金制成，减轻了整体重量。供弹器盖前端为轴向上方打开，内部装有一种类似 MG42 通用机枪的弹链供弹机构。而且其供弹机构可以不使用特殊工具就能更换，通过改变机匣上供弹杆组合的方式将供弹方向从右侧转换为左侧，两边均能够自由操作，适合左撇子或右撇子。

★ 三脚架上的 HK GMG 榴弹发射器

•作战性能

HK GMG 榴弹发射器能够轻易地在半自动射击或全自动射击之间切换，可以使士兵在野外更方便地携行或操作，特别是在不适合使用载具的山地。

士兵正在使用 HK GMG 榴弹发射器

No. 81 瑞士 GL-06 榴弹发射器

基本参数	
口径	40 毫米
重量	2.05 千克
全长	590 毫米
枪管长	280 毫米
枪口初速	85 米 / 秒

GL-06 榴弹发射器是一种专门给军队和执法机关使用的独立肩射型榴弹发射器，发射 40×46 毫米低速榴弹。

• 研发历史

21 世纪以来，一些欧洲国家为提升执法机关维持公共秩序的能力，对非致命性的特殊防暴榴弹武器系统的需求越来越强烈。此时，新一代榴弹武器系统正朝轻型化、大口径且能发射各种非致命性弹药的方向发展；同时，还应具有较高精度，尤其是在对峙期间能够轻易、准确地针对人体弱点瞄准及射击。2008 年，瑞士布鲁加 · 托梅公司设计生产了 GL-06 榴弹发射器，不仅可发射致命性的 40 毫米低速榴弹，还可发射 40 毫米非致命性弹药。

★ 枪托折叠后的 GL-06 榴弹发射器

武器构造

与其他许多 40 毫米榴弹系统一样，GL-06 榴弹发射器采用了扳机力较大的纯双动发射机构。对于爆炸威力巨大的榴弹而言，双动发射机构其实兼具一种保险功能，能够避免因扳机被意外轻触而引起的突发事故。此外，GL-06 榴弹发射器采用中折式装填结构，并不是前推装填，这种结构很大程度上是出于对弹药兼容性的考虑。GL-06 榴弹发射器的枪管与机匣以钢材制成，而枪托、手枪握把等多个部件是以强化塑料制成。而且所有操作部件均可左右手通用，因此增加了使用的灵活性。

GL-06 榴弹发射器的上方视角

作战性能

GL-06 榴弹发射器可以执行多重战术任务，当使用非致命性弹药时，它可以有效地完成骚乱人群控制以及治安任务。而当装填高爆弹药时，它又是一款可靠的地面战术支援武器。

★ 枪托展开后的 GL-06 榴弹发射器

No. 82 苏联 F-1 手榴弹

基本参数	
口径	55 毫米
重量	600 克
全弹长	130 毫米
服役时间	1941 年至今
引爆方式	4 秒延迟信管

F-1 是苏联于二战时期设计的反人员破片防御型手榴弹，又名“柠檬”手榴弹，因其绰号而为世人所熟知。虽然已停产，但由于制造数量众多，目前在战场上仍有出现。

●研发历史

F-1 手榴弹是苏联使用的一种防御型手榴弹，其地位相当于美国的 Mk2 手榴弹。二战初期，苏联把战前的手榴弹重新进行设计，并制成了 F-1 手榴弹。二战后，多数华约国家都曾装备和使用过该弹，并经历过多次局部战争，至今在世界各地的武装冲突中依旧被广泛使用。

F-1 手榴弹 3D 图

武器构造

★ F-1 手榴弹侧面特写

F-1 手榴弹与当时其他国家的防御手榴弹结构基本相同，由引信、装药和弹体三部分组成。弹体为铸造出的长椭圆形，表面有较深的纵横刻槽，底部是一个平面。弹体内以破片衬层，采用预制槽小立方，壳体内缠绕三四层，是这种手榴弹弹体的独特之处，这一技术不仅大大改进了杀伤破片的性能，还把进攻与防御弹结合于一体，便于战斗时使用。

作战性能

F-1 手榴弹以铁片作外壳，重 600 克，内装 60 克 TNT 炸药，抛掷距离 30 ~ 45 米，有效杀伤半径约为 30 米。美中不足的是，弹体形状为圆柱形，爆炸时影响破片飞散性能，且投掷时不易握持。

F-1 手榴弹投掷瞬间

第6章

反装甲武器

反装甲武器包括火箭筒和单兵导弹等，它们都是单兵武器里火力最强大的便携式武器。火箭筒是一种发射火箭弹的便携式反坦克武器，主要发射火箭破甲弹，也可发射火箭榴弹或其他火箭弹。单兵导弹又称为便携式导弹或超近程导弹，是指由单名士兵携带和使用，用于近距离作战的小型或微型导弹。火箭筒和单兵导弹都具备重量小、结构简单、价格低廉、使用方便等特点，在历次战争的反坦克作战中发挥了重要作用。

No. 83 美国 FIM-43 "红眼"防空导弹

基本参数	
口径	70 毫米
全长	1200 毫米
总重量	8.3 千克
弹头重量	2.8 千克
有效射程	4.5 千米

FIM-43 "红眼"（Redeye）防空导弹是美国在二战后设计的一种便携式防空导弹，因前端采用红外导引装置的样式而闻名。

•研发历史

1948 年，由于战机开始采用喷气式动力，飞行速度、高度较之前的螺旋桨战机有了质的飞跃，导致普通的高射机枪、火炮等防空武器已对其无法构成真正的威胁。有鉴于此，美国陆军开始找寻一种新的步兵防空武器。由于技术等方面的原因，新式防空武器的研发并不顺利，直到 1956 年才有所好

展览中的"红眼"防空导弹及其发射器

手持“红眼”防空导弹的美军士兵

转。当时，美国康维尔公司提出了一种单兵便携式红外导引防空导弹，并通过了美国军方的审核。之后，1960 年，这种新型防空武器终于面世，它就是 FIM-43“红眼”防空导弹。

●武器构造

“红眼”防空导弹采用被动式红外线导引，使用时托在肩上并对着敌机用光学瞄准镜瞄准，然后开动导弹的红外线导引头，这样导弹就会自动锁定目标并发出响声告诉射手已锁定目标，射手只需扳动扳机就能发射导弹。导弹首先会以发射火药离开发射筒，火箭发动机则会在离射手约 6 米后开始点火，以保护射手免遭烧伤。

●作战性能

“红眼”防空导弹一度曾是美国步兵主要的地对空武器，其优点是威力巨大、比较便携，不足之处是重量大、后推力大、不稳定、射程不够远，以及射击精准度有时也达不到作战任务的需求，所以它在后来被 FIM-92“毒刺”防空导弹取代。尽管如此，“红眼”防空导弹仍在便携式防空导弹领域中占有较重要的地位。

★ 正在操作“红眼”防空导弹的美军士兵

No. 84 美国 FIM-92"毒刺"防空导弹

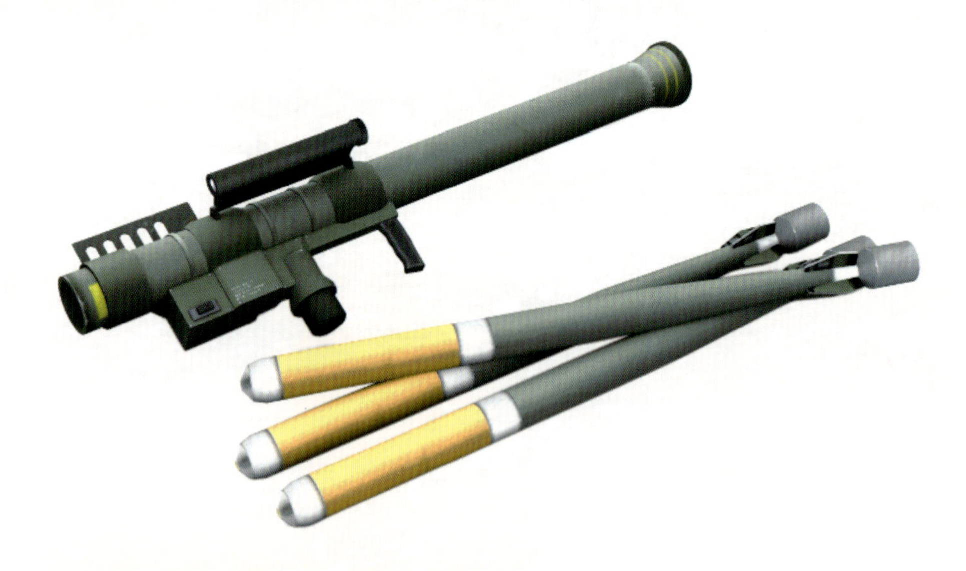

基本参数	
口径	70 毫米
全长	1520 毫米
总重量	15.19 千克
弹头重量	3 千克
有效射程	8 千米

FIM-92"毒刺"(Stinger)防空导弹是美国研制的便携式防空导弹，于 1981 年服役至今，主要用于战地前沿或要地的低空防御。

●研发历史

1971 年，美国陆军选择了"红眼"Ⅱ型当作未来的便携式防空导弹，型号为 FIM-92。随着计划的升级，1972 年 3 月，"红眼"Ⅱ型被重新命名为"毒刺"，被称为第二代便携式防空导弹。"毒刺"设计使用一个更灵敏的导引头并拥有更好的动力学性能，增加了迎头交战能力和一个综合"敌我识别"(IFF)系统。该导弹于 1973 年 11 月开始进行制导测试，然而因为技术上的问题暂停和重新启动几次。1978 年，"毒刺"导弹开始批量生产。

•武器构造

一套“毒刺”导弹系统由发射装置组件、一枚导弹、一个控制手柄、一部 IFF 询问机和一个氩气体电池冷却器单元（BCU）组成。发射装置组件由一个玻璃纤维发射管和易碎顶端密封盖、瞄准器、干燥剂、冷却线路、陀螺仪 - 视轴线圈以及一个携带吊带等组成。

•作战性能

“毒刺”导弹设计为一种防御型导弹，虽然官方要求两人一组操作，但一人也能操作。与 FIM-43“红眼”导弹相比，“毒刺”导弹有两个优势。首先是采用第二代冷却锥形扫描红外自动导引弹头，提供全方位探测和自导引能力，具有“射后不理”能力。其次是“毒刺”导弹增加了新功能，安装一套综合 AN/PPX-1 IFF 系统，当友军和敌军双方操作飞机同时在空域上空时，这是一个十分明显的优势。除此之外，“毒刺”导弹不仅能够装在“悍马”车改装的平台上，还可装在 M2“布拉德利”步兵战车上。

★ 使用“毒刺”导弹的美国海军陆战队两人小组

No. 85 美国 BGM-71“陶”式导弹

基本参数	
口径	152 毫米
全长	1510 毫米
总重量	22.6 千克
弹头重量	3.2 千克
有效射程	4.2 千米

BGM-71“陶”式导弹是美国休斯飞机公司研制的一种管式发射、光学瞄准、红外自动跟踪、有线制导的重型反坦克导弹武器系统，于 1970 年开始服役。

架设在装甲车上的“陶”式导弹

●研发历史

“陶”式导弹最初由休斯飞机公司在 1963 ~ 1968 年间研制，代号 XBGM-71A，设计目标是希望让地面车辆和直升机都能使用。1968 年，休斯飞机公司获得了一份全面生产合约。1970 年，美国陆军开始部署这种武器系统。在被采用后，“陶”式导弹取代了当时服役的 106 毫米 M40 无后坐力炮和 MGM-32“安塔克”导弹，并且取代了当时直升机使用的 AGM-22B 导弹作为机降反坦克武器。“陶”式导弹一直不断在升级改善，第一种改良型在 1978 年出现，“陶” 2（TOW 2）在 1983 年出现，“陶” 2A（TOW 2A）和 “陶” 2B（TOW 2B）在 1987 年出现。直到现在，“陶” 式导弹的改进仍在持续。不过，雷神公司已经取代休斯飞机公司，负责所有目前改进型的生产，同时也负责新型号的研制工作。

•武器构造

“陶” 式导弹的弹体呈柱形，前后两对控制翼面，第一对位于弹体，四片对称安装，为方形，第二对位于弹体中部，每片外端有弧形内切，后期改进型的弹头加装了探针。除此之外，“陶” 式导弹的发射筒也是柱形，自筒口后三分之一处开始变粗，明显呈前后两段。

美军士兵正在填装“陶”式导弹

•作战性能

“陶” 式导弹的发射平台种类较多，使用极为灵活。M220 发射器是步兵在使用 “陶” 式导弹时的发射器，但也可架在其他平台上使用，包括 M151 MUTT 吉普车、M113 装甲运兵车和 “悍马” 车。这种发射器严格来说可以单兵携带，但有些笨重。另外，“陶” 式导弹采用有线制导，射程受限，发射平台容易遭到敌方火力打击。

★ 美军士兵正在使用 “陶” 式导弹瞄准目标

No. 86 美国“巴祖卡”火箭筒

基本参数	
口径	60 毫米
全长	1370 毫米
总重量	5.71 千克
初速	81 米 / 秒
有效射程	140 米

“巴祖卡”火箭筒是第一代实战用的单兵反坦克装备，因为其管状外形类似于一种名叫巴祖卡的喇叭状乐器而得名，主要用于对付坦克和其他有防护的目标。

•研发历史

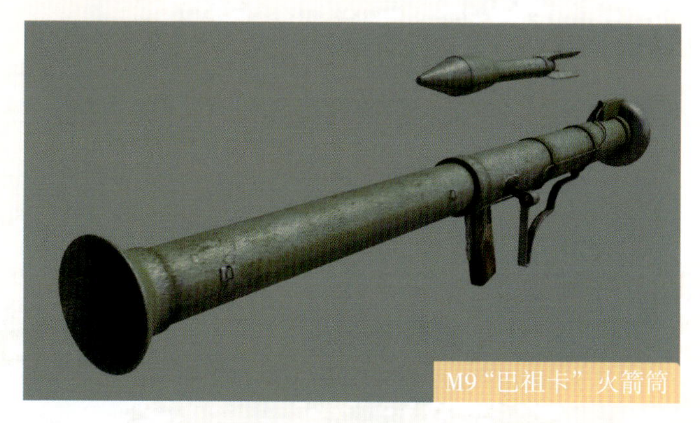

M9“巴祖卡”火箭筒

一战时期，罗伯特·戈达德博士根据美国陆军需求设计了“巴祖卡”火箭筒（当时被称为火箭动力武器），并于1918年11月6日在马里兰州的阿伯丁实验场为美国陆军展示了这种武器。但是由于五天后协约国就和同盟国在《康边停战协定》上签字（一战结束），所以该型武器没有得到进一步的发展。不过在后来的战争中，“巴祖卡”火箭筒开始被重视，并大量地被美军采用，其他国家包括德国在内，都有仿制，从而成为世界上第一具可用于实战的 60 毫米反坦克火箭筒。后又经过几次改进设计，形成了 M1、M1A1 以及 M9、M9A1 等多种型号。

•武器构造

★ M9A1“巴祖卡”火箭筒

“巴祖卡”火箭筒由发射筒、肩托、挡焰罩、护套、挡弹器、握把、背带、瞄准具以及发射机构和保险装置等组成。发射筒是个整体式钢筒，前面焊有环形挡焰罩，上面焊有准星座和表尺座，下面有握把连接耳，中部有皮革防热护套。另外，肩托用木材制成，在肩托后面的一段发射筒上，缠有钢丝，用以加固筒身。除此之外，“巴祖卡”火箭筒还配用由准星和表尺组成的机械瞄准具。

•作战性能

“巴祖卡”火箭筒结构简单，坚固可靠，可以单兵携带，肩抗发射，垂直破甲厚度 127 毫米。该火箭筒使用固体火箭作为推进器，弹头为高爆（HE）和高爆反坦克（HEAT）弹头，可以摧毁装甲车、机枪工事，射程超出手榴弹和手雷的投掷范围。

士兵手持 M1“巴祖卡”火箭筒

No. 87 美国 M72 火箭筒

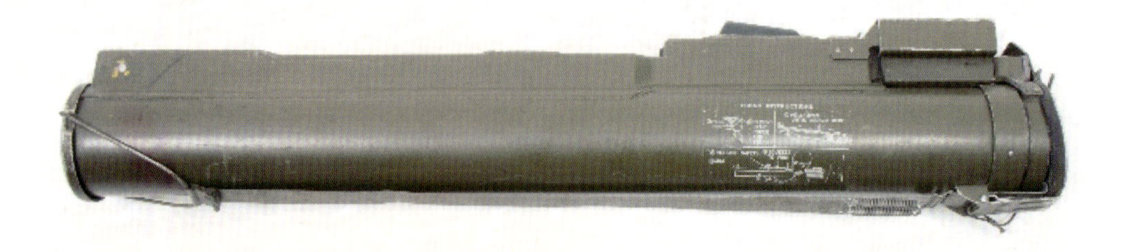

基本参数	
口径	66 毫米
全长	881 毫米
总重量	2.5 千克
初速	145 米 / 秒
有效射程	200 米

M72 是由美国黑森东方公司研发的一款轻型反坦克火箭筒，主要用于步兵分队反装甲和攻坚作战。于 1963 年被美国陆军及海军陆战队采用，并取代 M20“超级巴祖卡”火箭筒。

•研发历史

在风声鹤唳的二战战场上，坦克因有进可攻、退可守的特性成为陆战之王，各参战国都开始致力于坦克的研制。之后，反坦克武器应运而生，坦克被迫改变装甲的性能，以至于一般的反坦克武器不能击穿这些厚重装甲。在此背景下，20 世纪 40 年代初期，美军设计出了“巴祖卡”火箭筒，但它巨大、笨重且容易损坏，之后，美军以“巴祖卡”为基础推出了 M72 火箭筒。

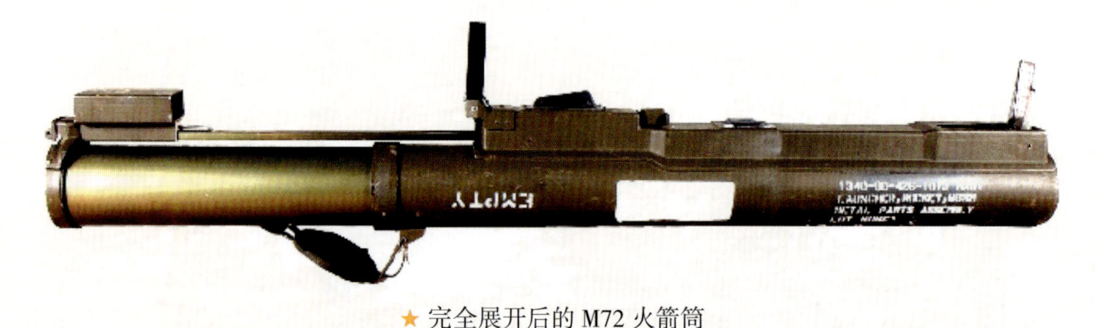

★ 完全展开后的 M72 火箭筒

●武器构造

M72 火箭筒由一个发射器及其包装的一枚火箭组成。它是便携式的，能从任一侧肩扛发射，且只配有一发弹药。不仅如此，该系统还不需要使用者频繁维护，只要偶尔进行一下视觉上的检查和一些简单维护就行。发射器由两根管子组成，一个套在另一个里面，平时可作为火箭弹的水密包装容器。发射机构组件、前瞄准具和后瞄准具都安装在外筒的上表面，并收容在一个长形金属盒子的击发机构外罩。

★ 携带 M72 火箭筒的士兵

●作战性能

M72 火箭筒重量轻、体积小、列编方式灵活，必要时单兵可携带 2 具，因此可以大大提高步兵分队攻坚能力，是小型火箭筒非占编列装的主要代表之一。由于该火箭筒成本低，便于大量装备，所以美军连一级配备 15 具以上，战时更多。

射击中的 M72 火箭筒

No. 88 苏联/俄罗斯 9K38“针”式防空导弹

基本参数	
口径	72 毫米
全长	1574 毫米
总重量	10.8 千克
弹头重量	1.17 千克
有效射程	5.2 千米

9K38“针”式（Igla）防空导弹是苏联研制的便携式防空导弹，北约代号为 SA-18“松鸡”（Grouse），1981 年开始服役，至今为止仍在服役。

装备“针”式防空导弹的俄罗斯士兵

●研发历史

20 世纪 70 年代，由于各方面原因，苏联开始致力于设计防空武器。9K32“箭”2 便携式防空导弹服役后不久苏军便发现，该武器虽然有着突出的优点，但缺点也不少，于是决定研制一款更先进的便携式防空导弹。科洛姆纳设计局以 9K32“箭”2 便携式防空导弹为蓝本，加入了许多新技术、新材料，最终研制出 9K38“针”式便携式防空导弹。

•武器构造

“针”式防空导弹的前舱内装有双通道被动红外导引头，包括冷却式寻的装置和电子设备装置。电子设备装置形成制导指令，送到导弹控制舱。在战斗部引爆前的瞬间，导引头逻辑装置将瞄准点从目标的发动机尾焰区转向目标中部机体与机翼连接处。另外，弹头头部装有整流锥，能够增大导弹的速度和射程。

★ 使用“针”式防空导弹的俄军两人小队

•作战性能

“针”式防空导弹内设有选择式的敌我识别装置，为了避免击落友机，自动锁定能力和高仰角攻击能力使发射更加方便，最低射程的限制也减少很多。另外，火箭弹使用延迟引信，这样不仅可以增大杀伤力，还能抵抗各种红外线反制手段。

“针”式防空导弹发射瞬间

No. 89 苏联 / 俄罗斯 9M14“婴儿”导弹

基本参数	
口径	125 毫米
全长	1000 毫米
总重量	12.5 千克
弹头重量	3.5 千克
有效射程	3 千米

9M14“婴儿”(Malyutka)导弹是苏联研制的步兵反坦克武器，于 1963 年开始服役，时至今日仍然在役。

正在操作“婴儿”导弹的俄军士兵

●研发历史

“婴儿”导弹由位于科洛姆纳的涅波别季梅机械制造设计局于 20 世纪 50 年代后期开始研制，1963 年开始服役，主要装备苏军的装甲战车。1965 年 5 月，“婴儿”导弹首次出现在莫斯科红场举行的阅兵式上。之后，陆续出现了多种改进型号。该系列导弹直到 20 世纪 80 年代初才停产，总生产量超过 2 万枚。

•武器构造

俄军武装直升机上的“婴儿”导弹

“婴儿”导弹全套武器系统由导弹、发射装置、制导装置组成。弹体用玻璃纤维制成，后部 4 片尾翼略成倾斜状，使导弹在飞行中通过旋转保持稳定。发射时，射手将导弹安放在发射架的导轨上，接通导弹与控制盒的电缆，指示灯显示正常工作状态。此时射手用瞄准镜捕捉目标，按下按钮发射导弹，借助控制盒上的手柄发出指令。导弹接收到指令后不断修正弹道，在飞行 200 米距离后引信自动解脱保险，命中目标时起爆战斗部，将其摧毁。

•作战性能

“婴儿”导弹具有体积小、重量轻、射程远、威力大等优点，是苏联第一代反坦克导弹中性能较好的一种，曾大量出口到第三世界国家，并在历次局部战争中广泛使用。但它的飞行速度较小，易受风力影响，死区较大，最小射程 300 米，不能攻击距离太近的目标，射手操作较困难。但是 20 世纪 70 年代以后，苏联对它进行重大改进，改用红外自动跟踪方式，不仅减轻了射手的负担，而且命中率由 60% 提高到 90%。

车载“婴儿”导弹

No. 90 苏联 / 俄罗斯 9K32 “箭” 2 防空导弹

基本参数	
口径	72 毫米
全长	1440 毫米
总重量	9.8 千克
弹头重量	1.15 千克
有效射程	2.3 千米

9K32 “箭” 2（Arrow 2）防空导弹是苏联设计的第一代便携式防空导弹，于 1968 年开始装备部队，时至今日仍然在役。

• 研发历史

20 世纪 60 年代，美国与苏联展开了激烈的军备竞赛。在得知美国开发出了新式防空武器——FIM-43 “红眼” 便携式防空导弹后，苏联也不甘落后，开始设计新型防空武器，其结果便是 “箭” 2 便携式防空导弹。该导弹于 1966 年开始装备部队，之后仍继续改进。除大量装备苏联摩托化步兵营、伞兵营和空降突击营外，

装备 “箭” 2 防空导弹的埃及陆军沙漠机动部队

“箭”2 防空导弹还出口到二十多个国家，其中印度引进后，主要装备步兵分队，用于打击低空、超低空目标。

武器构造

“箭”2 防空导弹筒身细长，手柄之后的筒身呈无变化曲线。筒口段略粗，下方热电池 / 冷气瓶平行于筒身安装，瓶底有一细柄前伸。另外，该武器所使用的导弹细长，采用两组控制面，第一组位于弹体底端，4 片弹翼，似弹体的自然外张；第二组位于弹体前端，尺寸较小，弹头为钝圆形。

俄军士兵试射“箭”2 防空导弹

作战性能

“箭”2 防空导弹采用目视机械瞄准和红外线导引，只能白天使用，对付低空慢速战机，特别是对付直升机特别有效，不仅能够装在履带车或轮式装甲车上进行逐枚射击或齐射，还可供单兵立姿或跪姿发射。

“箭”2 防空导弹发射瞬间

No. 91 苏联 / 俄罗斯 RPO-A “大黄蜂”火箭筒

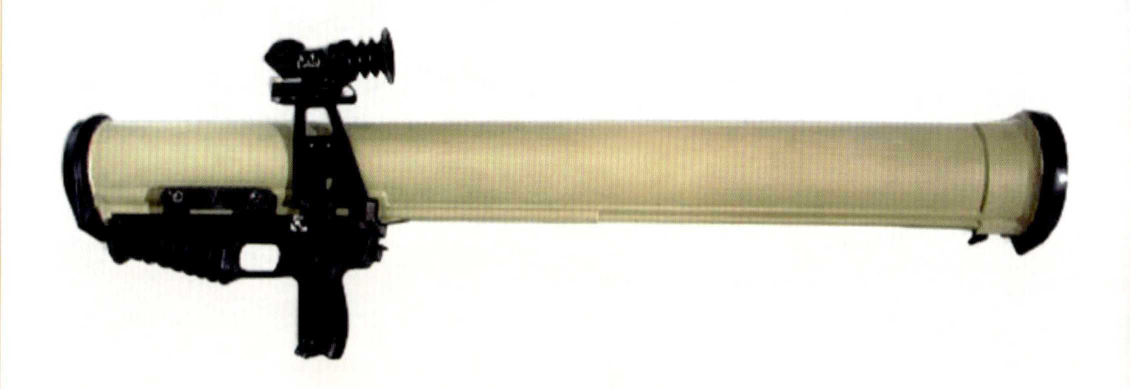

基本参数	
口径	93 毫米
全长	920 毫米
总重量	11 千克
初速	125 米 / 秒
有效射程	20 ~1000 米

RPO-A “大黄蜂”是由苏联机械制造设计局生产的一款单兵便携式火箭筒，于 20 世纪 80 年代被苏军定为制式武器，至今仍是俄罗斯主要的火箭筒之一。

•研发历史

20 世纪 60 年代，美军的 M72 火箭筒在战场上扬名于世，特别是在 70 年代的战场上，更是凸显出了“不可一世”的威力。另一方面，苏联军队所使用的同类武器，与 M72 相比之下，略显不足。随后，苏联开始改进、

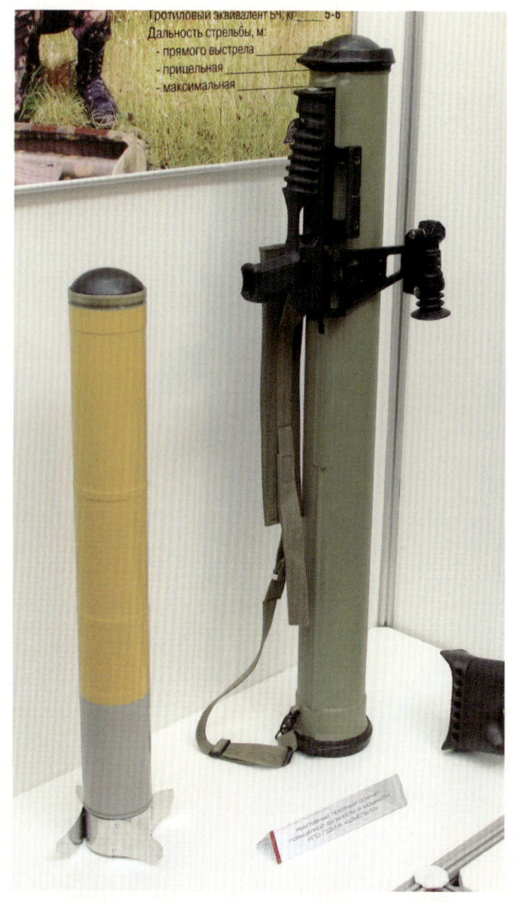

★ 展览中的 RPO-A “大黄蜂”火箭筒

设计新型的火箭筒。70 年代后期，苏联机械制造设计局推出了 RPO-A“大黄蜂”火箭筒。

●武器构造

RPO-A“大黄蜂”发射筒为单筒结构，筒身两端和中部有钢制加强箍。前段加强箍上装有准星和手柄；后端加强箍上装有背带环和发火系统组件；中部加强箍装有握把、表尺和光学瞄准镜支座。

★ RPO-A“大黄蜂”火箭筒及其飞弹

●作战性能

RPO-A“大黄蜂”火箭筒是一种单发式、一次性便携式火箭筒，发射筒为密封式设计，士兵能够随时让武器处于待发状态，并能在不需要任何援助的情况下发射武器。在发射后，发射筒就要被丢弃。除此之外，RPO-A 还能发射三种不同种类的火箭弹，最基本的是 PRO-A，以攻击软目标而设计；PRO-Z 为一种燃烧弹，用途为纵火并烧毁目标；PRO-D 为会产生烟雾弹药，主要起掩护作用。

手持 RPO-A“大黄蜂”火箭筒的士兵

No. 92 瑞典 RBS 70 防空导弹

基本参数	
口径	106 毫米
全长	1320 毫米
总重量	87 千克
弹头重量	2.8 千克
有效射程	8 千米

RBS 70 防空导弹是瑞典研制的便携式防空导弹，1977 年开始服役，时至今日仍然在役。除了装备瑞典军队外，还有数十个国家的军队使用。

• 研发历史

20 世纪 60 年代初，瑞典军队提出了研制新型便携式防空导弹的要求，包括制造成本低、操作方便以及可靠性良好等。围绕军方这一要求，瑞典博福斯公司于 1969 年开始研制这种防空导弹。在参考美国 FIM-92“毒刺”便携式防空导弹后，该公司于 1976 年成功推出了新型便携式防空导弹的原型，在 1977 年通过军方测试后，定型为 RBS 70 防空导弹。

装备 RBS 70 防空导弹的两人小队

•武器构造

瑞典士兵使用 RBS 70 防空导弹瞄准目标

RBS 70 防空导弹采用标准空气动力学布局，中部装配两级固体燃料主发动机，战斗部在头部隔舱内，通过激光非接触引信或撞击引信引爆，使用聚合子母弹药摧毁目标，穿甲厚度 200 毫米，激光辐射接收器在尾部隔舱内。

•作战性能

士兵使用 RBS 70 防空导弹在野外作战

RBS 70 防空导弹的主要特点是远程拦截来袭目标，具有较高的命中精度和杀伤概率，稳定性强，能够高效对抗各种人工和自然干扰。采用激光指令制导方式，不仅可以攻击低飞到地面的目标，还能在夜间使用，具备较强的发展、改进潜力。从诞生开始，RBS 70 防空导弹就是作为一种整体系统而研制，便于日后装配在各种轮式和履带式底盘上，发展自行防空系统。

No. 93 瑞典 AT-4 火箭筒

基本参数	
口径	84 毫米
全长	1016 毫米
总重量	6.7 千克
初速	285 米 / 秒
有效射程	300 米

AT-4 火箭筒是瑞典萨博 · 博福斯动力公司生产的一种单发式单兵反坦克武器，不仅被瑞典陆军选为制式武器，还被包括美国、英国、法国在内的多个北约国家采用。

•研发历史

20 世纪 70 年代末，瑞典军方为了替换老式的 60 毫米火箭筒，开始了 AT-4 火箭筒的研究计划。AT-4 火箭筒由瑞典佛伦内德制造厂（现萨博 · 博福斯动力公司）设计，在瑞典军方还没有决定正式采用时，它就参加了美国陆军在 1983 年举行的步兵反坦克火箭的竞标，并击败众多对手，成为最后的赢家。

士兵试射 AT-4 火箭筒

1985 年 9 月，美国陆军正式决定订购 27 万具 AT-4 火箭筒，以取代之前装备的 M72 LAW 火箭筒。有了这次成功的竞标，AT-4 火箭筒瞬间威名远扬，随后，美国阿利安特技术设备公司便获得了特许生产权。

•武器构造

AT-4 火箭筒是一种无后坐力武器，其炮弹向前推进的惯性与炮管后方喷出的推进气体的能量达成平衡，所以该武器基本上不会产生后坐力，可以使用其他单兵携带武器所不能使用、相对更大规格的炮弹。除此之外，AT-4 火箭筒是预装弹、射击后抛弃的一次性使用武器，主要部件包括发射筒、铝合金喷管、击发机构、简易机械瞄准具、肩托、背带和前后保护密封盖等。

★ 射击中的 AT-4 火箭筒

•作战性能

AT-4 火箭筒重量轻，携行方便；使用简单，操纵容易，使用者无需长时间培训；采用无坐力炮原理发射，发射特征不明显，射击位置不易暴露。AT-4 火箭筒配用空心装药破甲弹，其战斗部的主装药为奥克托金（HMX），破甲厚度为 400 毫米，破甲后可以在车体内产生峰值高压、高热和大范围的杀伤破片，并伴有致盲性强光和燃烧作用。

美国海军陆战队使用 AT-4 火箭筒

No. 94 瑞典 MBT LAW 反坦克导弹

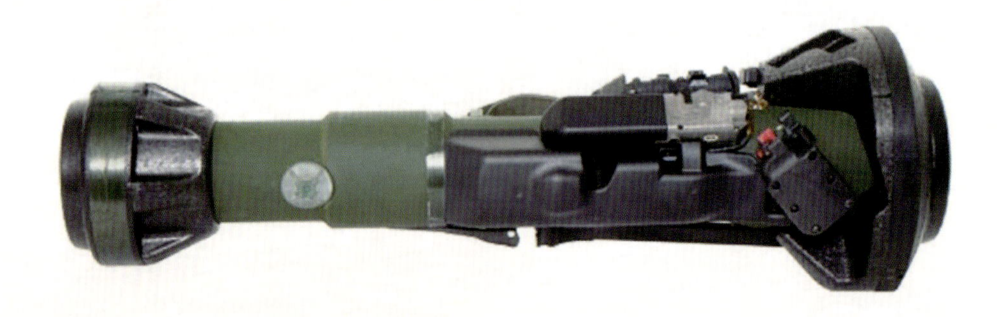

基本参数	
口径	150 毫米
全长	1016 毫米
总重量	12.5 千克
弹头重量	3.6 千克
有效射程	1 千米

MBT LAW 反坦克导弹的正式名称为“主战坦克及轻型反坦克武器”（Main Battle Tank and Light Anti-tank Weapon， 简称 MBT LAW），它是瑞典和英国联合研制的短程“射后不理”反坦克导弹，目前正被瑞典、英国、芬兰和卢森堡等国所使用。

•研发历史

MBT LAW 反坦克导弹由瑞典萨博 · 博福斯动力公司和英国泰利斯防空公司在 21 世纪初联合研发。为减少研制时间和经费，MBT LAW 选用了“比尔”2 反坦克导弹的双高爆反坦克战斗部，以及具有“软发射”能力的 AT-4 反坦克火箭筒的发射系统。该反坦克导弹系统于 2009 年投入英国陆军服役，命名为次世代轻型反坦克武器（Next-generation Light Anti-tank Weapon，NLAW）。在瑞典国防军服役的 MBT LAW 被命名为 Robot 57，芬兰则将其命名为 102 RSLPSTOHJ NLAW。

草坪上的 MBT LAW 反坦克导弹

●武器构造

MBT LAW 反坦克导弹采用了液体平衡软发射技术，它的后抛配重液体射程较近（约 3 米），因此能够在比较狭小的空间里面使用，且不用担心后抛物体伤害使用者。另外，MBT LAW 发射时，火箭首先以低功率的点火从发射器里发射出去。在火箭经过好几米的行程直到飞行模式以后，其主火箭就会立即点火，开始推动导弹，直到命中目标为止。

肩扛 MBT LAW 反坦克导弹的士兵

●作战性能

MBT LAW 反坦克导弹在设计上是为了给步兵提供一种肩射、一次性使用的反坦克武器，发射一次以后需要将其抛弃。MBT LAW 采用锥形装药，弹头为上空飞行攻顶 / 直接模式混合，最小有效射程为 20 米，最大有效射程为 600 米，最大射程为 1000 米。另外，MBT LAW 采用了预测瞄准线的制导方式，能够利用多种精密电子仪器，根据目标的行驶速度、当时的风速等外在条件，提前计算好目标的下一步可能到达位置，从而实施瞄准、准确打击。

MBT LAW 反坦克导弹发射瞬间

No. 95 英国“吹管”防空导弹

基本参数	
口径	76 毫米
全长	1350 毫米
总重量	22 千克
弹头重量	2.2 千克
有效射程	3.5 千米

“吹管”（Blowpipe）防空导弹是英国泰利斯防空公司研制的便携式防空导弹，1975 年开始服役，1985 年退出现役。

★ 装备“吹管”防空导弹的英军两人小组

●研发历史

“吹管”防空导弹的研制工作始于 1964 年，不过由于人员、资金和技术等各方面的原因，直到 1975 年才设计定型，同年开始批量生产并进入部队服役。20 世纪 80 年代，英国军队曾在马岛战争中使用“吹管”地对空导弹。之后，英国根据战场的经验又对其进行了多次改进。

武器构造

"吹管"防空导弹全套武器系统由发射管、导弹、瞄准控制装置组成。它的发射筒前段加粗，看上去比较笨重。弹体的弹头部位有 4 个控制舵，尾部有曳光管和 4 个尾翼。此外，"吹管"防空导弹不仅能够装在三脚架上从地面发射，还可用四联装发射架装在车上发射，甚至还能装在直升机上用作空对空导弹。

英军士兵使用"吹管"防空导弹瞄准目标

作战性能

"吹管"防空导弹采用无线电制导，这是它与红外制导便携式防空导弹系统最大的不同。因此，射手在导弹击中目标前仍需要导引，不能"射后不理"。具体来说，射手在发射导弹前要将瞄准装置的十字线对准目标，并一直保持至导弹发射。发射后，导弹自动保持在目标线上。在导弹自动进入制导航迹后，射手转为手动制导状态。同时，射手要通过瞄准装置观察目标和导弹，使其十字线对准目标，导弹与目标影像重合。

"吹管"防空导弹发射瞬间

No. 96 英国“星光”防空导弹

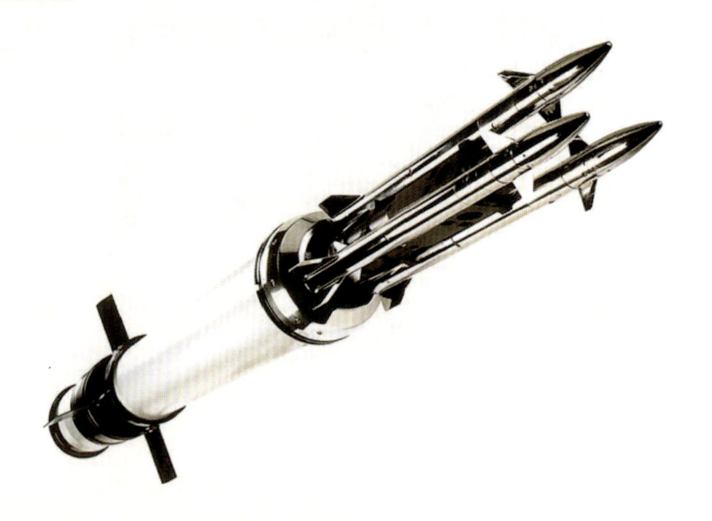

基本参数	
口径	130 毫米
全长	1397 毫米
总重量	14 千克
弹头重量	0.9 千克
有效射程	7 千米

“星光”（Starstreak）防空导弹是英国泰利斯公司于 20 世纪 80 年代设计的便携式防空导弹，1997 年开始服役。

●研发历史

“星光”防空导弹研制工作于 1986 年正式开始，1988 年首次试验成功，随后继续进行改进设计，1997 年装备英国陆军。“星光”防空导弹最初被设计为一种单兵便携式快速反应的防空导弹系

“星光”防空导弹发射瞬间

统，用以替代“吹管”和“标枪”导弹。之后，在此基础上又发展了三脚架型、轻便车载型、装甲车载型以及舰载型等多种型号。

武器构造

“星光”防空导弹的最大特点在于采用新型的三弹头设计，弹头由 3 个“标枪”弹头组成，每个弹头包括高速动能穿甲弹头和小型爆破战斗部。“星光”防空导弹的控制与制导使用的是半主动视线指挥系统，当主火箭发动机工作完毕，3 个“标枪”弹头实现自动分离并开始寻找目标。除此之外，“星光”防空导弹的瞄准装置包含两个激光二极管：一个垂直扫描，另一个水平扫描，构成一个二维矩阵。

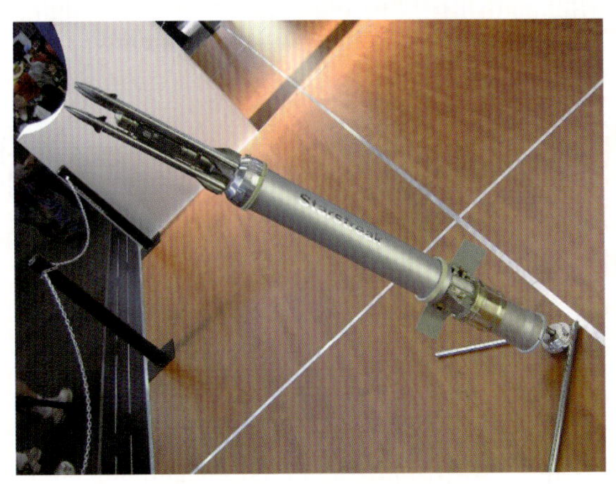

★ 展览中的“星光”防空导弹

作战性能

“星光”防空导弹具有速度快、反应时间短、发射方式多样、单发杀伤概率高等特点。“星光”防空导弹发射时，先由第一级新型脉冲式发动机推出发射筒外，飞行 300 米后，二级火箭发动机启动，迅速将导弹加速到 4 马赫。在火箭发动机燃烧完毕后，环布在弹体前端的 3 个子弹头分离，这样增强了对目标的识别能力、命中概率甚至杀伤力。而且由于导弹系统的重量较小，发射系统架设起来十分方便，因此一两个人就能完成架设工作。

★ 发射中的“星光”防空导弹

No. 97 日本 91 式防空导弹

基本参数	
口径	80 毫米
全长	1430 毫米
总重量	11.5 千克
弹头重量	2.5 千克
有效射程	5 千米

91 式防空导弹（Surface-to-Air Missile）是日本东芝公司研制的便携式防空导弹，1994 年开始装备部队，时至今日仍然在役。

准备发射的 91 式防空导弹

●研发历史

20 世纪 80 年代，日本自卫队使用的便携地对空导弹主要是美国的 FIM-92“毒刺”导弹。进入 20 世纪 90 年代之后，为了取代 FIM-92 系列，日本东芝公司以其为基础，推出了 91 式便携地对空导弹。它可以安装在川崎 OH-1 轻型军用侦察直升机上作为空对空导弹，也可装在机动车辆上作为车载版地对空导弹。

•武器构造

91 式防空导弹的整套系统包括导弹发射装置、外置电池盒、敌我识别系统、导弹本体和其他设备，其中部分部件可与美国 FIM-92“毒刺”导弹互用。导弹推进剂使用固体燃料，发射筒在发射后会热变形，因此无法重复使用。

士兵与 91 式防空导弹

•作战性能

91 式防空导弹具有全向攻击能力，抗干扰能力也比较强。当制导系统锁定目标后，成像导引头储存目标图像，这样不仅能够提高图像解析能力，而且制导精度也随之提高。因此，日本自卫队宣称，91 式防空导弹比美国“毒刺”导弹的精度更高。

91 式防空导弹发射瞬间

No. 98 日本 87 式反坦克导弹

基本参数	
口径	110 毫米
全长	1000 毫米
总重量	12 千克
弹头重量	2.3 千克
有效射程	2 千米

87 式反坦克导弹（Type 87 Anti-Tank Missile）是日本于 20 世纪 80 年代研制的，绰号“中马特”（Chu-MAT），从 1989 年服役至今。

•研发历史

1957 年，日本防卫厅技术研究部与川崎重工业公司合作，以世界上最早装备部队、最早实战使用的反坦克导弹——法国 SS-10 反坦克导弹为基础，开始研制第一代反坦克导弹，并于 1964 年研制成功，称为 64 式“轻马特”反坦克导弹

带有三脚架的 87 式反坦克导弹系统

（ATM-1）。随后，日本又着手研制第二代重型远程反坦克导弹，并于 1984 年装备部队，称为 79 式“重马特”反坦克导弹（ATM-2）。20 世纪 80 年代后期，日本防卫厅技术研究部研制出一种半主动激光制导反坦克导弹，本想冠以“超级马特”之称，但又担心姿态过高会为国际社会所诟病，因此称之为 87 式“中马特”反坦克导弹（ATM-3）。该导弹作为 64 式“轻马特”的替代型导弹，1988 年装备部队，并成为日本陆上自卫队反坦克导弹的主力。

87 式反坦克导弹及发射装置

•武器构造

87 式反坦克导弹属于日本第三代反坦克导弹，采用半主动激光制导方式，在导弹发射后需要不断地用激光照射目标，飞行中的导弹接收目标反射的激光束，自动跟踪直至命中目标。

•作战性能

87 式反坦克导弹不仅能够攻击地面坦克装甲车辆，还可在反登陆作战中攻击小型登陆舰艇，起到海岸炮的作用，这是日本重型反坦克导弹的重要特点。87 式反坦克导弹的破甲厚度为 600 毫米，最大射程为 2 千米。

★ 87 式反坦克导弹发射瞬间

No. 99 法国“西北风”防空导弹

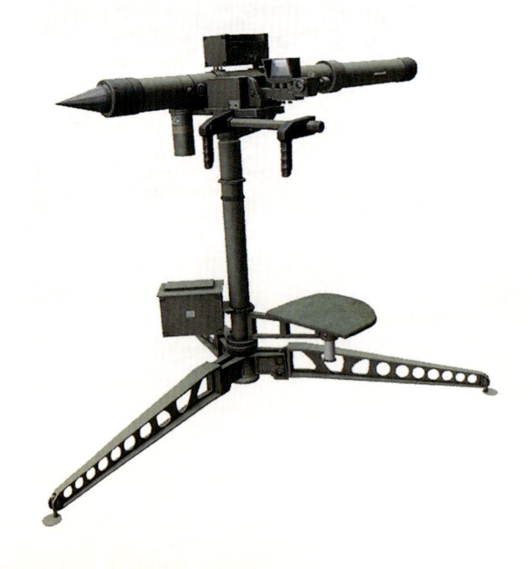

基本参数	
口径	90 毫米
全长	1860 毫米
总重量	18.7 千克
弹头重量	3 千克
有效射程	6 千米

“西北风”（Mistral）防空导弹是法国马特拉公司研制的便携式防空导弹，1988 年开始装备部队，时至今日仍然在役。

双联装“西北风”防空导弹

•研发历史

20 世纪 80 年代，法国军方要求马特拉公司研制一款便携式防空导弹。之后，马特拉公司参考了美国 FIM-92“毒刺”便携式防空导弹的设计，同时融合自身的技术，进行了一系列创新，最终推出了“西北风”便携式防空导弹。

●武器构造

法军士兵与“西北风”防空导弹

为了安置红外自导头，马特拉公司为“西北风”防空导弹研制了金字塔形整流罩，从而将其最大飞行速度提高到 800 米 / 秒。同时在发动机结束工作后，导弹减速较慢，使其在制导末段能保持较高的机动性。尽管导弹结构中使用了最先进的技术和材料，“西北风”防空导弹的发射重量仍为 18.7 千克，这样就不能采用传统的肩扛发射方式。在这种情况下，为了制导和发射导弹，操纵员应使用有座椅的专用三脚架，在三脚架上安装内装导弹的容器和所有必要设备。

●作战性能

同类型便携式导弹的弹头重量不超过 2 千克，而“西北风”防空导弹弹头重达 3 千克，由高能炸药和 1850 颗钨合金钢珠组成，又配以碰撞和激光近炸引信，具有较强的杀伤力。“西北风”防空导弹由两人战斗编组负责运输，因此它可分为两部分，第一部分是内装导弹的容器，第二部分是三脚架和瞄准装置及电子组件。

★ 法军士兵正在操作“西北风”防空导弹

No. 100 以色列 / 新加坡 / 德国“斗牛士”火箭筒

基本参数	
口径	90 毫米
全长	1000 毫米
总重量	11.5 千克
弹容量	1 发
有效射程	500 米

“斗牛士”（MATADOR）火箭筒是以色列、德国、新加坡合作研制的便携式反坦克武器系统，发射 90 毫米火箭弹。

•研发历史

“斗牛士”火箭筒的研制工作始于 1999 年，最初是由新加坡共和国武装部队、国防科技局（DSTA）联同以色列拉斐尔先进防务系统公司共同研发，后来德国狄那米特 · 诺贝尔公司也加入了研发团队，并负责生产工作。“斗牛士”火箭筒于 2000 年开始服役，逐渐

博物馆中的“斗牛士”火箭筒

取代新加坡武装部队从 20 世纪 80 年代开始装备的德国“十字弓”火箭筒。除新加坡外，德国、以色列、英国、斯洛文尼亚和越南等国都有装备。

•武器构造

“斗牛士”火箭筒是一种一次性使用的非制导武器，继承了“十字弓”火箭筒的许多优点，较长的前握把能够防止士兵在发射过程中错把手指放在发射筒口前方，从而避免了受伤的危险。利用折叠握把可以使武器闭锁，以防止意外射击。“斗牛士”火箭筒配有用于安装夜视装备的皮卡汀尼导轨，所选择的瞄准具放大率能够为士兵提供良好的视野，使士兵可以更准确地打击目标。不仅如此，士兵还可以把火箭筒架设在地面上，从而进一步提高射击精度。

外展中的“斗牛士”火箭筒

•作战性能

“斗牛士”火箭筒使用同时具有反战车高爆弹头和高爆黏着榴弹性能的两用弹头，分别可以破坏装甲和墙壁、碉堡以及其他防御工事。弹头选择是通过其“探针”型装置进行的，延长“探针”型装置就会变成反战车高爆弹头模式，而缩短“探针”型装置就会变成高爆黏着榴弹模式。由于侵彻能力强，所以“斗牛士”火箭筒能够摧毁当今世界上大部分先进的装甲人员输送车以及轻型坦克。

以色列特种兵正在使用“斗牛士”火箭筒

参考文献

[1] 军情视点．全球单兵武器图鉴大全 [M]．北京：化学工业出版社，2016.

[2]《深度军事》编委会．单兵武器鉴赏指南 [M]．北京：清华大学出版社，2014.

[3]《深度军事》编委会．现代枪械大百科 [M]．北京：清华大学出版社，2015.

[4] 军情视点 . 袖里藏针：全球手枪 100[M]．北京：化学工业出版社，2015.